设施黄瓜害虫
生物防治技术

王恩东　主编

中国农业出版社
农村读物出版社
北京

设施黄瓜害虫生物防治技术
编 写 人 员

主　编　王恩东

参　编　吴圣勇　徐学农　雷仲仁　张克诚
　　　　卢晓红　吕佳乐　张　博　胡　彬

F 前 言
oreword

    黄瓜是一种世界性蔬菜，在果菜类蔬菜中占有重要地位。我国是黄瓜生产大国，黄瓜栽培历史超过2 000年。我国黄瓜栽培面积约占世界黄瓜栽培面积的60%，栽培规模和产量都位居世界第一。2018年，我国黄瓜栽培面积约1 900万亩*，年产量约6 000万吨，亩产约3.15吨。我国黄瓜设施栽培面积约占42%，其中大棚面积约占23%，节能日光温室面积约占17%，玻璃日光温室面积约占2%。黄瓜作为重要的果菜类蔬菜，在农业结构调整和农民增收方面正在发挥着越来越重要的作用。

    黄瓜起源于喜马拉雅山南麓的热带雨林地区，为葫芦科黄瓜属1年蔓生草本植物。黄瓜食用方便，富含维生素A、维生素C以及多种有益矿物质，是我国的主栽蔬菜之一，品种丰富，栽培茬口划分细致，实现了周年生产。黄瓜是我国居民日常消费的重要蔬菜，我国平均每年每人直接消费的黄瓜大约10千克，占所有蔬菜消费量的1/10。黄瓜的生产，在相对稳定的设施环境和单一种植的条件下，给害虫发生创造了有利的环境，容易引起害虫暴发，另外化学农药的不合理利用，严重影响黄瓜的

---

* 亩为非法定计量单位，1亩 = 1/15公顷。全书同。

安全生产和菜农的经济效益。

黄瓜生长周期短，设施环境中害虫种类多、危害程度大。长期以来，化学农药成为防治害虫的主要手段，导致环境污染、害虫抗药性、农药残留等形势严峻。随着人们对农产品质量安全问题的日益关注，利用生物防治措施治理害虫成为趋势。从研究角度看，目前一些优势天敌和生物农药的特性、效果及应用方式等已经明确；从应用角度看，目前已经有很多生防产品实现商品化生产和应用。本书介绍了设施栽培条件下黄瓜常见害虫的种类、主要生物防治技术及应用案例，以期为黄瓜害虫绿色防控及黄瓜产业的绿色可持续发展提供参考。

编　者

2020 年 12 月

目 录
ontents

前言

第一章　设施黄瓜常见害虫及危害 …………………… 1

一、蚜虫 ………………………………………………… 1

二、蓟马 ………………………………………………… 3

三、叶螨 ………………………………………………… 5

四、侧多食跗线螨 ……………………………………… 7

五、粉虱 ………………………………………………… 9

六、斑潜蝇 ……………………………………………… 13

七、守瓜 ………………………………………………… 16

八、瓜绢螟 ……………………………………………… 19

第二章　设施黄瓜害虫生物防治方法及案例 ………… 22

一、防治蚜虫 …………………………………………… 23

　1.主要生物防治方法 ………………………………… 23

2.试验或应用案例 ……………………………………… 31

二、防治蓟马 ……………………………………………… 34

　1.主要生物防治方法 ………………………………… 34

　2.试验或应用案例 …………………………………… 43

三、防治叶螨 ……………………………………………… 46

　1.主要生物防治方法 ………………………………… 46

　2.试验或应用案例 …………………………………… 50

四、防治侧多食跗线螨 …………………………………… 50

　1.主要生物防治方法 ………………………………… 50

　2.试验或应用案例 …………………………………… 51

五、防治粉虱 ……………………………………………… 51

　1.主要生物防治方法 ………………………………… 51

　2.试验或应用案例 …………………………………… 57

六、防治斑潜蝇 …………………………………………… 59

　1.主要生物防治方法 ………………………………… 59

　2.试验或应用案例 …………………………………… 62

七、防治守瓜 ……………………………………………… 62

　1.主要生物防治方法 ………………………………… 62

　2.试验或应用案例 …………………………………… 63

八、防治瓜绢螟 …………………………………………… 63

　1.主要生物防治方法 ………………………………… 63

2.试验或应用案例 ································· 64

第三章　在黄瓜害虫上登记的生物农药 ············· 66

1.金龟子绿僵菌 ································· 66

2.苦参碱 ····································· 67

3.藜芦碱 ····································· 67

附表

附表1　用于防治蔬菜害虫的生物防治产品及部分
　　　企业名录 ····························· 68

附表2　本书涉及的节肢动物拉丁学名 ············· 73

主要参考文献 ··································· 76

后记 ··· 83

第一章

设施黄瓜常见害虫及危害

设施栽培中，封闭的环境及相对稳定的温湿度条件为害虫的发生和繁殖提供了便利条件，使得蚜虫、蓟马、害螨、粉虱、斑潜蝇等主要害虫的暴发成为可能。这些害虫的共同特点是体型小、繁殖快、抗药性强。在农业生产中，种植者对这些害虫都较熟悉，但由于这些害虫体型较小，在刚发生时往往不易发现，导致错过最佳防治时间。因此，及时发现害虫的发生和危害是防治的关键。

上述几类害虫中均包括几种不同的种类，且种类之间的形态和危害状相似，在生产中难以区分。本章从生产实践角度出发，分别列举了黄瓜上几类害虫的主要种类以及同类害虫的典型形态和危害特征，便于种植户识别。

一、蚜虫

【主要种类】危害黄瓜的蚜虫主要为棉蚜（也称瓜蚜），俗称腻虫、蜜虫。

【形态特征】蚜虫为多态昆虫，同种有无翅型和有翅型（图1）。无翅蚜体长1.5～1.9毫米，夏季体表呈黄绿色，春季和秋季为墨绿色或蓝黑色。有翅蚜体长约2毫米，头黑色。

【危害状】蚜虫喜欢群居在叶背、花梗或嫩茎上，吸食植物汁液，分泌蜜露，影响光合作用，从而影响产量，其分泌的蜜露还可诱发煤污病，加重危害（图2）。被害植株茎、叶部分变黄，叶面皱缩卷曲。嫩茎、花梗被害呈弯曲畸形，影响开花结实，植株生长受到抑制，瓜苗生长缓慢，萎蔫，甚至使植株提前枯死。老叶受害，提前枯落，缩短结瓜期，降低产量。蚜虫还可通过刺吸式口器传播多种病毒，危害性远远大于蚜虫本身的伤害。

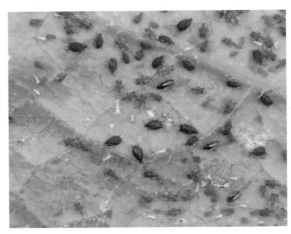

图1　黄瓜上的无翅
　　　瓜蚜和少量有
　　　翅瓜蚜
　　　（王恩东提供）

图2　蚜虫造成的黄
　　　瓜煤污病症状
　　　（王恩东提供）

【生活习性】蚜虫的繁殖能力强，每年发生10～30代，其中华北地区约10代，长江流域20～30代。瓜蚜有两种生殖方式：一种是有性繁殖，即晚秋经过雌、雄交尾产卵繁殖；另一种是孤雌繁殖，即有翅胎生雌蚜或无翅胎生雌蚜不经过交尾，而以卵胎生繁殖，直接产出若蚜，这种生殖方式是瓜蚜的主要繁殖方式。瓜蚜无滞育现象，在北方保护地内和南方地区可终年发生，并营孤雌生殖。瓜蚜繁殖的合适温度为16～22℃。北方温度高于25℃，南方高于27℃，相对湿度达75%以上的环境不利于蚜虫的繁殖。

【早期监测】黄瓜定植后，采用黄色诱虫板监测有翅蚜（每亩挂放5块），5点法监测无翅蚜。5点监测时，注意监测温室过道附近植株叶片上的蚜虫。当蚜虫刚出现，还没有造成危害时，就要开展生物防治，释放蚜虫天敌；当蚜虫发生量大时，可先喷施生物农药，再释放天敌。

二、蓟马

【主要种类】黄瓜上的蓟马主要是瓜蓟马（也称棕榈蓟马）和西花蓟马。

【形态特征】成虫体长1.5毫米左右，体色黑色、褐色或黄色。成虫翅狭长，行动活跃，擅飞能跳。蓟马属于不全变态中的过渐变态，初孵若虫体色透明，二龄若虫淡黄色至黄色，蛹体白色，身体变短。蓟马种类较多，农业生产中肉眼所见蓟马形态相似，难以区分不同种类。图3为西花蓟马各龄期形态。

【危害状】成虫和若虫以锉吸式口器吸取嫩梢、嫩叶、花和幼果的汁液造成危害，叶面上出现灰白色长形的失绿点，受害严重可导致花器早落，叶片干枯，新梢无顶芽。被害叶片叶缘卷曲，不能伸展，呈波纹状，叶脉淡黄绿色，叶肉出现黄色锉

伤点，似花叶状，最后被害叶变黄、变脆、易脱落（图4）。新
梢顶芽受害，生长点受抑制，出现枝叶丛生现象或顶芽萎缩。
被害组织表皮呈初期浅绿色后期白色的刻点，虫量较大时，被
害部位连接成片，严重影响叶片光合作用，并增加霜霉病、细
菌性角斑病等病害的发病概率。同时，蓟马危害幼果，被害幼
果长大后颜色变深，表皮出现黄绿色斑驳，失去商品性，无法
进入市场销售，严重时影响秋黄瓜产量和品质。蓟马开始发生
时用肉眼较难识别，所以菜农容易将蓟马危害当成黄瓜绿斑驳
花叶病毒病。同时，蓟马也是传播病毒的媒介，如西花蓟马可
传播黄瓜斑萎病毒等。

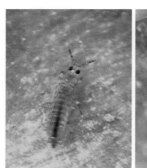

图3 西花蓟马若虫（左）、蛹（中）和成虫（右）
（吴圣勇提供）

图4 蓟马危害黄瓜叶片
（胡彬提供）

【生活习性】蓟马喜欢温暖、干旱的天气，其生长适温为23～28℃，适宜空气湿度为40%～70%。蓟马具有趋嫩习性，喜大量聚集于黄瓜花、幼果和嫩叶部位。蓟马繁殖能力很强，个体细小，极具隐匿性，在温室内的稳定温度下，一年可连续发生12～15代，雌虫行两性生殖和孤雌生殖。在15～35℃下均能发育，从卵到成虫只需14天；27.2℃产卵最多。卵散产于叶肉组织内，每头雌虫每天产卵22～35粒，一生可产卵约229粒。若虫在叶背取食，高龄末期停止取食，落入表土化蛹。蓟马远距离扩散主要依靠人为因素，如种苗、花卉及其他农产品的调运。另外，蓟马很容易随风飘散，易随衣物、运输工具等携带传播。

【早期监测】黄瓜定植后，采用蓝色诱虫板5点法监测（每亩挂放5块）。5点监测时，注意监测温室过道附近植株叶片上的蓟马，还要注意监测黄瓜开花时花里的蓟马成虫。当蓟马刚出现，还没有造成危害时，就要开展生物防治，释放蓟马天敌；当蓟马发生量大时，可先喷施生物农药，再释放天敌。

三、叶螨

【主要种类】危害黄瓜的叶螨（俗称红蜘蛛）主要有3种，即二斑叶螨、朱砂叶螨、截形叶螨，均属蜱螨目叶螨科，常统称为叶螨，其中以二斑叶螨发生最为严重。

【形态特征】二斑叶螨成螨螨体细小，体长0.3～0.5毫米，雌螨椭圆形，雄螨卵圆形，前端近圆形，腹末较尖，足4对。体色多变，有浓绿色、褐绿色、黑褐色、黄红色等多种。雌大雄小，几乎相差近1倍（图5）。

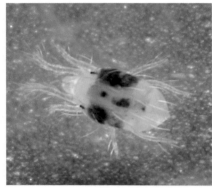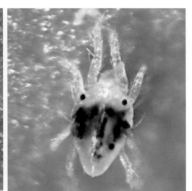

图5 二斑叶螨雌成螨（左）和雄成螨（右）

（姜晓环拍摄）

【危害状】叶螨是黄瓜上的重要害螨，以成螨、幼螨、若螨在叶背刺吸叶片汁液并吐丝结网，通常从下部叶片开始向上蔓延。寄主植物被害后叶正面出现黄白色小点（图6），被害严重时叶片枯萎，略带红色，如火烧一般，菜农称为"火龙"。

图6 叶螨危害黄瓜叶片

（张起恺提供）

【生活习性】全国不同地区，叶螨发生代数不同。在南方1年发生20代以上，在北方1年发生12～15代，保护地3月中旬、露地4月下旬至5月中旬初见，7～8月盛发，10月中下旬后转入越冬阶段。以成、若螨或卵在田间落叶、土缝、杂草或冬季作物上越冬，但冬季气温较高时仍可继续活动。初孵成螨即可交配，适宜条件下，交配后1天开始产卵，每头雌螨平均产卵量为50～100粒，卵多数产在叶片背面。叶螨对叶片中的含氮量较敏感，最初多喜欢在植株下部的老叶上。初孵幼螨、若螨通常只在附近，中后期开始向上蔓延转移。虫口密度过高时扩散危害。以成、若螨群集叶背吸食汁液，叶片受害后出现黄白色小点，严重危害时叶片变黄焦枯，呈锈色，如火烧状。通常保护地栽培比露地栽培受害重，田间杂草丛生或黄瓜、茄子、豆类、棉花、芝麻等作物邻作或间作地，有利于叶螨生育繁殖而加剧危害。天敌有捕食螨、草蛉、瓢虫、塔六点蓟马等。

【早期监测】黄瓜定植后，采用5点法监测叶螨。5点监测时，还要注意监测温室过道植株叶片上的叶螨。通过监测，当叶螨刚出现，还没有造成危害时，就要开展生物防治，释放叶螨天敌；当叶螨发生量大时，可先喷施生物农药，再释放天敌。

四、侧多食跗线螨

【主要种类】黄瓜上的侧多食跗线螨，俗称茶黄螨、茶嫩叶螨、白蜘蛛、阔体螨等。

【形态特征】雌成螨体长0.19～0.21毫米（图7），圆锥形，白色或淡黄色，半透明，足4对，第4对足纤细。雄成螨体椭圆形，仅为雌成螨1/4大小，乳白色至淡黄色。第4对足较粗壮。幼螨体细小，足3对。卵球形，白色。

【危害状】侧多食跗线螨为杂食性的害螨，黄瓜是其主要寄主之一。这种螨很微小，肉眼难以查见，在20倍放大镜下才能看见其很小的虫体，在田间只能根据危害状识别。侧多食跗线螨还可危害茄子、番茄、辣（甜）椒、马铃薯、红豆、菜豆等多种作物。被危害后，被害部原有的颜色消失，逐渐变为深黄褐色。尤其在果实的端部更为明显。遭受侧多食跗线螨危害的黄瓜叶片症状容易与黄瓜的某些生理性病害或病毒性病害混淆，以致延误防治时机。侧多食跗线螨有强烈的趋嫩性，也有"嫩叶螨"之称（图8）。成螨和幼螨会集中在黄瓜幼嫩部分刺吸危害，受害叶片背面呈灰褐或黄褐色，并且具有油质光泽或呈油渍状，叶片僵硬变厚，边缘向内卷曲；受害嫩茎、嫩枝变黄褐色，扭曲畸形，严重者黄瓜植株的生长点消失，顶部干枯。与病毒病区别的方法：侧多食跗线螨危害叶片的病健交界处明显，而病毒病叶片上的花叶是不规则失绿；侧多食跗线螨发生初期

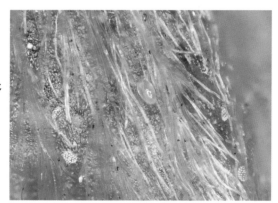

图7 显微镜下的侧多食跗线螨雌成螨
（李帅提供）

图8 侧多食跗线螨危害黄瓜嫩梢
（胡彬提供）

表现为明显的点片发生，往往形成中心被害点，之后逐渐向四周植物扩散蔓延。

【生活习性】侧多食跗线螨主要发生在温暖地区，以棚室蔬菜发生最严重。一年中可发生多代，在30℃左右条件下4～5天可完成1代，20℃左右则7～10天完成1代，在温室内全年均可发生，但冬季繁殖力低，危害亦轻。冬季主要在温室内越冬（一般以雌成螨越冬）。生长的最适温度为16～23℃，相对湿度为80%～90%。湿度对成螨影响不大，在40%时仍可正常生活，但卵和幼螨只能在相对湿度80%以上时孵化、生活。在大棚内3月中旬开始发生，6月中旬至7月下旬为盛发期。露地菜以6～9月受害较重。该螨喜温好湿，温暖高湿有利于侧多食跗线螨的生长与发育，单雌产卵量为百余粒，卵多散产于嫩叶背面和果实的凹陷处，具有明显的趋嫩性（幼芽、嫩叶、花、幼果）。在适温、连续阴雨、日照弱的天气条件下，其种群增长快，危害严重。远距离可通过风力扩散；近距离传播靠人为携带及靠螨体爬行。天敌有捕食螨、小花蝽等。大雨对其有冲刷作用。

【早期监测】黄瓜定植后，采用5点法监测侧多食跗线螨。监测时还要注意监测温室过道植株叶片上的侧多食跗线螨，由于侧多食跗线螨微小，需要手持放大镜来查看（或采样后放在体视显微镜下观察）。通过监测，当侧多食跗线螨刚出现，还没有造成危害时，就要开展生物防治，释放侧多食跗线螨天敌；当侧多食跗线螨发生量大时，可先喷施生物农药，再释放天敌。

五、粉虱

【主要种类】黄瓜上的粉虱主要有烟粉虱和温室白粉虱，二者常混合发生，化学农药使用频繁的蔬菜，粉虱发生严重。粉虱俗称小白蛾，属半翅目粉虱科小粉虱属，是一种杂食性的小型昆虫，是一种世界性害虫。

【形态特征】成虫体长为0.8 ～ 1.2毫米，烟粉虱体长略长于温室白粉虱，停息时双翅呈屋脊状，前翅翅脉分叉；温室白粉虱停息时双翅较平展，前翅翅脉不分叉。图9是烟粉虱成虫和若虫，图10是温室白粉虱成虫和若虫。

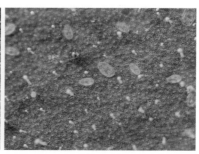

图9　烟粉虱成虫（左）和若虫（右）
（王建赟提供）

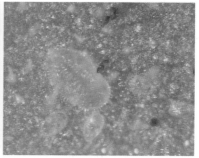

图10　温室白粉虱成虫（左）和若虫（右）
（谢文提供）

【危害状】粉虱以成、若虫群集在叶背面吸食植物的汁液，使受害叶片褪绿变黄萎蔫，甚至死亡；分泌蜜露，污染叶片和果实，导致煤污病发生，降低叶片光合作用和呼吸作用（图11），直接影响黄瓜的生长发育而降低产量，降低其商品率，从而造成经济损失。烟粉虱可在30种作物上传播70多种病毒，不同生物型传播不同的病毒，烟粉虱的发生和危害比温室白粉虱更加严重。粉虱世代重叠严重，往往成虫、若虫、卵和伪蛹同时存在，防治难度大。

图11　烟粉虱危害黄瓜叶片
（胡彬提供）

【生活习性】烟粉虱1年可发生11～15代，世代重叠。在我国华南地区，1年发生15代。由春至秋持续发展，到秋季数量达高峰。在温暖地区，烟粉虱一般在杂草和花卉上越冬；在寒冷地区，在温室内作物和杂草上越冬，春季末迁到蔬菜、花卉等植物上危害。烟粉虱成虫可两性生殖，也可孤雌生殖。受精卵为二倍体，发育成雌虫；未受精卵为单倍体，发育成雄虫。卵产于叶片背面，每雌产卵30～300粒不等，在适合的寄主上平均产卵200粒以上。一龄若虫有足和触角，一般在叶片上爬行几厘米寻找合适的取食点，在叶背面将口针插入韧皮部取食汁液。从二龄起，足及触角退化，营固定生活。成虫具有趋光性和趋嫩性，群居于叶片背面取食，中午高温时活跃，早晨和晚上活动少，飞行范围较小，可借助风或气流作长距离迁移。

在北京温室中和露地上温室白粉虱1年发生6～11代，1～2个月发育1代。由于温室白粉虱成虫期和产卵期常比卵和若虫的发育历期长，造成了该虫世代重叠现象严重和各虫态混合发生的特点。温室白粉虱成虫、卵和伪蛹虽然有一定的耐受低温能力，但抗寒性弱，在北方冬季野外（露天）寒冷、干燥、寄主植物枯死的条件下不能存活。而以各虫态在加温温室、节能型日光温室、育苗设施的瓜果、豆类蔬菜、多种花卉上继续繁殖危害，无休眠和滞育现象，并形成虫源基地。温室白粉虱成虫多集中在清晨羽化，从伪蛹背面的T形缝蜕出，两对翅折叠于虫体背面，约10分钟开始平展开来。行有性生殖，自然种群的性比一般为1∶1，也可营孤雌生殖，其后代发育成雄虫。每头雌虫一般产卵120～130粒，最多可产534粒。成虫对黄色和绿色表现强烈的趋性，而对白色和银灰色表现出负趋性或忌避性，以"金盏黄色"粘虫板诱捕效果最好。另外成虫还具有强烈的趋嫩习性。温室白粉虱成虫具有昼夜活动节律，这与温室环境温度和相对湿度、光照强度有密切关系，尤其在冬季晴天的温室中更为明显。一般中午前后活动性最强，清晨和傍晚活动减弱，夜间基本不活动。卵多为散产，有时排列呈弧形或半圆形。以卵柄从气孔插入叶片组织内，极不易脱落，并从叶片吸收水分和可溶性物质保障存活。初孵若虫在卵壳附近爬行，可以断续、短距离游走2～3天，甚至穿过细脉、侧脉以及主脉。二至四龄若虫营固着生活至成虫羽化，受风雨等不利环境因素影响较小，有利于种群存活、繁衍，种群的存活率可高达86.44%。温室白粉虱成虫、若虫大量分泌蜜露，当环境的相对湿度在90%以上时，只要14个昼夜就会发生煤污病。

【早期监测】黄瓜定植后，采用黄色诱虫板监测（每亩挂放5块）和5点法监测相结合的方法。5点监测时，注意监测温室过道植株叶片上的粉虱。通过监测，当粉虱刚出现，还没有造成危害时，就要开展生物防治，释放粉虱天敌；当粉虱发生量大时，可先喷施生物农药，再释放天敌。

六、斑潜蝇

【主要种类】黄瓜上的斑潜蝇主要是美洲斑潜蝇、南美斑潜蝇和豌豆彩潜蝇，三者常混合发生。斑潜蝇也称潜叶蝇、"鬼画符"，属双翅目潜蝇科斑潜蝇属。

【形态特征】成虫淡灰黑色，足淡黄褐色，雌成虫体长为2.4～3.5毫米；卵乳白色，椭圆形，通常散产于叶片上下表皮之间的叶肉中；幼虫体黄色，潜食在叶肉组织中，老熟幼虫咬破叶片表皮钻出叶面，自然掉落在叶片或土壤表层化蛹，肉眼可见椭圆形、橙黄色的蛹。几种斑潜蝇形态相似，图12为美洲斑潜蝇和南美斑潜蝇成虫。

图12 美洲斑潜蝇（上）和南美斑潜蝇（下）成虫
（张起恺提供）

【危害状】主要以幼虫在叶片内蛀食,形成不规则的蛇形虫道(图13),虫道由细变宽,末端明显变宽。成虫、幼虫均可危害黄瓜植株。雌成虫飞翔,刺伤黄瓜叶片,进行取食和产卵,形成不规则的白点,被刺伤口易被病原微生物侵染,引起其他病害的发生。幼虫潜入黄瓜叶片取食叶肉,产生白色不规则虫道,破坏叶绿素和叶肉细胞,影响光合作用,受害严重的叶片脱落,甚至毁苗。

图13　斑潜蝇危害黄瓜叶片
(胡彬提供)

【生活习性】美洲斑潜蝇在北京地区全年可发生8～10代,在华南地区每年可发生15～20代,年度之间因气温差异发生的世代数可能稍有变化。美洲斑潜蝇是一种耐寒性较弱的昆虫,在北京以北大部分地区露地不能越冬,其虫源主要来自保护地蔬菜、花卉等寄主植物,其次来自寄主植物的调运等。采用黄卡诱集成虫监测美洲斑潜蝇种群发生动态,在北京地区美洲斑潜蝇6月初始见，7月上旬之前虫量很少，主要发生期是7月上旬至10月上旬，虫口峰值出现在8月中旬。7月中旬至9月底，美洲斑潜蝇占潜叶蝇总虫量的50%～100%，是这一时期蔬菜潜叶蝇类的优势种。温室内美洲斑潜蝇一年四季均可发生，但冬季由于温度低，发育十分缓慢，虫口数量极低。春、秋季温室的环境温度高于同时期田间温度，美洲斑潜蝇种群增长快于田间，因而具有春季发生早、虫口上升快，秋季发生持续时间长、虫口密度高的特点。在海南，美洲斑潜蝇在一年四季中，种群数量变化较大，当年11月至翌年4月发生量大，虫口密度高，危害严重；6～9月种群数量下降。利用黄色粘虫卡监测一天中美洲斑潜蝇数量时，美洲斑潜蝇的趋黄高峰在12：00～14：00，此时温度最高，美洲斑潜蝇最活跃。黄卡的设置在作物顶端时诱捕的虫量最大，高于或低于作物顶端诱集量均减少。

南美斑潜蝇在北京地区全年可发生约8代，在西南地区每年可发生约16代。南美斑潜蝇在北京地区田间自然条件下不能越冬，其虫源主要来自保护地蔬菜、花卉等寄主植物，其次来自寄主植物的调运等，3月中旬始见，6月中旬以前数量很少，随后虫口逐渐上升，7月上旬达到最高虫量，之后虫量逐渐下降，7月底至9月中旬越夏，9月中旬至11月上旬虫口数量维持低水平，11月上旬以后进入越冬，田间再无成虫活动。温室内一年四季均可见南美斑潜蝇活动，但高峰期也出现于6月中下旬至7月初，与田间高峰同步。

【早期监测】黄瓜定植后，采用黄色诱虫板监测（每亩挂放5块）和5点法监测相结合的方法。5点监测时，注意监测温室过道植株叶片上的斑潜蝇。通过监测，当斑潜蝇刚出现，还没有造成危害时，就要开展生物防治，释放斑潜蝇天敌；当斑潜蝇发生量大时，可先喷施生物农药，再释放天敌。

七、守瓜

【主要种类】黄瓜上的守瓜类害虫包括黄足黄守瓜与黄足黑守瓜，均属鞘翅目叶甲科，以黄足黄守瓜发生较为普遍。黄足黄守瓜又名黄守瓜、黄虫、黄萤、瓜守，幼虫叫白蛆；黄足黑守瓜又名黄胫黑守瓜、黑瓜叶虫等。

【形态特征】黄守瓜成虫体长8～9毫米，体长椭圆形，黄色，仅中、后胸及腹面黑色，前胸背板中有一波形凹沟；幼虫体长12毫米，圆筒状，头部黄褐色，体浅黄色，臀板腹面有肉质突起，突起上生有微毛；卵长0.7～1毫米，扁圆形，浅黄色，表面具六角形窝状网纹；蛹长9毫米，纺锤形，裸蛹，乳白色，腹部末端有两个巨刺状突。图14为黄守瓜成虫。

图14　黄守瓜成虫
（虞国跃提供）

【**危害状**】成虫主要危害瓜苗的叶、嫩茎、花和果实。成虫取食叶片时，以身体为中心旋转咬食一圈，然后在圈内取食，在叶片上形成环形或半环形食痕或圆形孔洞。幼虫在土里危害根部，低龄幼虫危害细根，三龄以后食害主根，钻食在木质部与韧皮部之间，可使地上部分萎蔫死亡（农民称为"气死瓜"）。贴地生长的瓜果也可被幼虫蛀食，引起瓜果内部腐烂，失去食用价值。黄守瓜危害状类似于枯萎病、青枯病或根腐病，一些瓜农误以为是病害，使用杀菌剂防治，从而错过了防治适期，造成严重损失。所以，当发现黄瓜地上部分枯萎时，首先观察叶面是否有画圈现象，然后再扒开根际土壤，仔细观察植株根部是否有黄守瓜幼虫。图15为黄守瓜成虫危害黄瓜花。

图15　黄守瓜成虫危害黄瓜花
（虞国跃提供）

【生活习性】黄守瓜是瓜类蔬菜上的主要害虫，可危害黄瓜、南瓜、西瓜等。黄守瓜在我国各地都有发生，在华北地区1年发生1代；在江苏、上海、浙江、湖北、湖南和四川等地以发生1代为主，部分2代；在福建、广东、海南、广西等地1年发生2～3代。在冬季，黄守瓜成虫常十几头到数十头群聚在背风向阳的草堆、杂草根际、土壤、树隙、落叶和瓦砾下休眠越冬，但无滞育现象。越冬时虫体背面朝下，腹面朝上。在进入越冬前，都需大量进食，但不交尾也不产卵。在大棚及温室内，越冬成虫多于2～6月产卵；3～6月为幼虫危害期，5月对处于结瓜盛期的冬春茬瓜类作物危害最重；6月下旬至7月上旬羽化为成虫。第二代幼虫危害期在7～11月，主要危害秋冬茬瓜类蔬菜和伏茬的瓜果，11月后又以成虫于保护地内越冬。黄守瓜成虫喜阳光，白天早晨露水干后开始活动，晴天8：00～10：00和14：00～17：00最活跃，飞翔能力强，有假死性和趋黄性。夜间成虫停止活动，停息于瓜田附近的树木、杂草、绿篱或其他作物上。寿命一般为1年。黄守瓜田间雌雄性比为（2～3）：1。成虫通常于8：00～14：00交尾，其中9：00～10：00是交尾盛期。雌雄交尾多在瓜叶正面进行，中午气温过高或太阳暴晒时就在瓜叶的背面进行，交尾持续时间30～70分钟，雌虫交尾后第二天便可产卵。雌虫一生可交尾多次。雌虫交尾一次后，可产卵4～7次，每次产卵29～35粒，然后再交尾，接着继续产卵。单雌一生可产卵150～2 000粒。

【早期监测】黄瓜定植后，采用黄色诱虫板监测（每亩挂放5块）和5点法监测相结合的方法。5点监测时，注意监测温室过道植株根部、叶片和花上的黄守瓜。通过监测，当黄守瓜刚出现，还没有造成危害时，就要开展生物防治，释放黄守瓜天敌；当黄守瓜发生量大时，可先喷施生物农药，再释放天敌。

八、瓜绢螟

瓜绢螟属鳞翅目螟蛾科，又名瓜绢野螟、瓜螟、瓜野螟、印度瓜野螟。

【形态特征】成虫体长10～12毫米，翅展25毫米。头、胸黑色，腹部、翅及足部白色，腹部末端有黄褐色毛丛，雌虫毛簇左右分开，雄虫不分开。成虫静伏叶面时，前、后翅平展呈三角形，因为前翅前缘和外缘、后翅外缘及腹部第一、七、八节为黑色宽带状，所以整个身体表现出黑色边框、中间白色透明的显著特征。卵扁平，椭圆形，淡黄色，表面有网纹。老熟幼虫体长23～26毫米，头部、前胸背板淡褐色，胸、腹部草绿色，亚背线呈两条较宽的乳白色纵带，气门黑色。蛹长约14毫米，黄褐色，外被薄茧。图16为瓜绢螟各虫态。

图16　瓜绢螟各虫态（从左至右分别为卵、一至五龄幼虫、蛹、雌成虫）
（王小平提供）

【危害状】瓜绢螟主要危害各种瓜类蔬菜，也危害番茄、茄子等。低龄幼虫在瓜类蔬菜的叶背取食叶肉，使叶片呈灰白斑，三龄后吐丝将叶或嫩梢缀合，匿居其中取食，使叶片穿孔或缺刻，严重时仅剩叶脉；也蛀入果实和茎蔓危害，严重影响瓜果的产量和质量。图17为瓜绢螟危害黄瓜。

图17　瓜绢螟危害黄瓜
（王小平提供）

【生活习性】瓜绢螟一般1年发生4～6代，发生危害期为4～10月，其中，7～9月为盛发期，11月至翌年2月发生轻。上海、江苏、安徽、湖北、山东等地1年发生4～5代，浙江、江西、湖南、福建、广东等地1年发生5～6代。北方地区多发生在8、9月，海南岛可周年发生。在保护地栽培条件下，瓜绢螟可周年发生，但在冬季一般不造成危害；若在加温温室中，冬季有时会造成一定危害。瓜绢螟对温度适应范围广，15～35℃都能生长发育，最适环境温度为26～30℃。喜高湿环境，湿度低于70%不利于幼虫活动。在平均温度28.49℃、相对湿度80%～90%的条件下，卵期3～5天。幼虫共5龄，一龄

1～2天，二、三、四龄均为1～3天，五龄3～5天，蛹期6～8天，成虫寿命6～14天。瓜绢螟绝大多数成虫在晚间羽化，占全天羽化数的92.5%，羽化率为66.8%，雌雄性比为1∶0.984。成虫羽化后在蛹壳附近稍停片刻后飞往其他瓜叶上。成虫夜间活动，19：30开始活动，至翌日5：00左右停息。瓜绢螟有弱趋光性，白天潜伏于隐蔽场所或叶丛中，受惊后会做3～5米短距离飞行。羽化当天或第二天午夜前后交尾。产卵前期一般为2～3天，羽化后4～5天为产卵高峰。产卵多在22：00至翌日2：00，多数卵产在植株2/5的高度处。产卵具有明显的趋嫩性。卵散产或多粒产在一起，平均每雌产卵300粒左右。

【早期监测】黄瓜定植后，采用黑光灯监测和5点法监测相结合的方法。5点监测时，注意监测温室过道植株叶片上的瓜绢螟。通过监测，当瓜绢螟刚出现，还没有造成危害时，就要开展生物防治，释放瓜绢螟天敌；当瓜绢螟发生量大时，可先喷施生物农药，再释放天敌。

第二章 设施黄瓜害虫生物防治方法及案例

　　针对设施黄瓜上的主要害虫，如蚜虫、蓟马、叶螨、粉虱等，经典的生物防治措施主要是应用天敌，包括捕食性和寄生性两类。黄瓜害虫的捕食性天敌主要有捕食性瓢虫、草蛉、食蚜蝇、食蚜瘿蚊、小花蝽、捕食螨、烟盲蝽、蜘蛛、螳螂等；寄生性天敌主要是寄生蜂，如蚜茧蜂、丽蚜小蜂、赤眼蜂等。保护和利用天敌是有效防治黄瓜害虫的重要措施。然而，由于天敌一般对化学农药比较敏感，种植户往往误将天敌，尤其是未成熟虫态当成害虫来杀死。因此在农业生产中，保护地作物上很少能见到自然发生的天敌，应加强天敌保护和人为助迁。目前国内已经有不少科研单位和企业实现了多种天敌的商品化生产，在害虫发生前期，人工预防性释放天敌产品是防治害虫的有效途径。一般来说，天敌产品的包装有卵卡、盒装、袋装、瓶装等，农户可根据害虫的发生期和发生量，并结合产品使用说明和注意事项，合理应用天敌产品，能有效控制害虫种群和危害。

　　此外，微生物农药，如球孢白僵菌、苏云金杆菌、颗粒体病毒、昆虫病原线虫以及植物源农药，如苦参碱、藜芦碱、印楝素、除虫菊素、苦皮藤素等常用于设施黄瓜害虫防治。为了提高害虫生物防治效果，近年来，联合应用天敌昆虫与微生物农药也成为一项重要措施。

　　国内外相关科研人员和黄瓜种植者通过应用各种生防措施，在很大程度上控制了黄瓜害虫种群，提高了黄瓜品质和经济价值。由于生防产品种类较多，其应用条件、应用方式、靶标作物、防治对象等差异较大，即使是同一种产品，其在剂型（微生物和植物源农药）和质量（天敌）上也存在差异。因此在实际应用中，不同地区、不同作物，甚至是不同使用者应用生防产品后也可能出现不同的效果。例如，球孢白僵菌在春、秋季温度适宜的设施黄瓜中对蓟马具有很好的防治效果，但在高温的夏季效果就大打折扣。

　　本章以设施黄瓜中害虫为防治对象，总结了设施黄瓜常见害虫的生物防治方法，并列举了一些国内外在应用生防措施后获得相对成功的案例。在实际应用中，为了提高害虫生物防治效果，也可以同时应用多种生防措施。例如，实践表明，在使用捕食螨防治黄瓜害螨或粉虱时，可采取单独释放东方钝绥螨的方式，而在防治黄瓜蓟马时，采取捕食螨与小花蝽同时释放的方式，可提高对蓟马的控制效果。此外，由于在生产中经常会出现多种害虫同时发生的情况，也可以参考这些案例，应用杀虫谱较广的生防产品或者对多种生防产品进行适当组合应用。

一、防治蚜虫

1.主要生物防治方法

　　【释放瓢虫】瓢虫是人们常见和熟悉的昆虫。瓢虫种类很多，以其食性划分，可分为捕食性、植食性和菌食性三大类。其中，常见的捕食性瓢虫主要是异色瓢虫、龟纹瓢虫和七星瓢虫，它们是蚜虫的重要天敌。农业生产中，最常见到的是瓢虫成虫，其卵和幼虫不易识别（图18）。商品化的瓢虫产品多以卵卡形式存在，卵孵化后的幼虫可在植物上搜索并捕食害虫。

图18 异色瓢虫的卵（左）和幼虫（右）
（左图王建赟提供；右图王思东提供）

在刚发现蚜虫时，将瓢虫卵卡悬挂于黄瓜叶脉上。根据黄瓜上蚜虫的发生密度确定悬挂卵卡的量，当蚜虫密度增加时，适当增加卵卡数和应用次数。由于孵化后的一龄幼虫活动能力较弱，建议初期将卵卡悬挂在蚜虫刚发生的植株上，便于瓢虫幼虫搜索和捕食，图19是交配中的异色瓢虫雌虫正在捕食蚜虫。

图19 异色瓢虫成虫捕食蚜虫
（王建赟提供）

有条件的合作社或种植户，可以先用蚜虫在室内饲养购买的瓢虫卵卡（因购买的卵卡，在田间孵化率不一样，有的孵化率很低，影响捕食蚜虫的效果，且瓢虫卵在孵化期，对蚜虫没有防治效果），待瓢虫卵孵化后长到一龄末至二龄初时，再释放到田间，防治效果更好。

【释放草蛉】草蛉属于脉翅目蛉科，成虫和幼虫均属捕食性，主要捕食蚜虫、粉虱、蓟马、叶螨、盲蝽等害虫。另外，还喜食多种鳞翅目害虫的卵和幼虫。目前研究和应用较多的为中华草蛉、大草蛉、丽草蛉和普通草蛉。据报道，平均1头大草蛉1天可捕食上百只蚜虫，整个幼虫期可捕食800头以上的蚜虫。在农业生产中，草蛉的卵和成虫容易识别，但由于幼虫刚毛较长，容易被误认为是鳞翅目害虫。图20为大草蛉幼虫和成虫。

草蛉幼虫期有3龄，每个龄期都可以捕食猎物。实践证明，释放一龄大草蛉幼虫对蚜虫的控制效果最好，且释放低龄草蛉更有利于其在作物上建立种群。以蚜虫为例，当作物上发生蚜虫危害时，可以按 $1 \sim 2$ 头/米^2 的量释放草蛉幼虫。释放时，建议将低龄的草蛉幼虫接种到蚜虫集中发生区域。根据蚜虫发生

图20　大草蛉幼虫和成虫
（Shovon Chandra Sarkar 提供）

动态，适当增加草蛉的释放量和释放次数。由于蚜虫繁殖很快，且体型较小，需要及时调查设施黄瓜上的蚜虫发生情况，尤其是需要在蚜虫发生初期释放草蛉。

【利用蚜茧蜂】蚜茧蜂以雌蜂将卵产在蚜虫体内，卵孵化后在蚜虫体内生长发育、取食蚜虫体内物质，完成幼虫阶段的发育过程，化蛹后蚜虫死亡，外壳变硬，形成僵蚜，蚜茧蜂蛹在僵蚜体内发育成熟后破壳而出，形成新的蚜茧蜂成蜂（图21），重复下一个生活史，每头雌蜂可寄生蚜虫200～300头。目前国内研究和应用较多的为烟蚜茧蜂。在实际生产中，自然发生的蚜茧蜂寄生蚜虫形成僵蚜，相对于蚜虫的发生具有滞后性，即当发现僵蚜时，蚜虫密度实际上已经很高了，需要较长时间才能压制住蚜虫种群的增长。因此，在蚜虫刚发生的时候释放蚜茧蜂是控制蚜虫危害的关键。

图21　烟蚜茧蜂成虫
（左图李玉艳提供；右图潘明真提供）

蚜茧蜂应用中最关键的两点是释放时间和释放量。当调查发现植株上有10头左右蚜虫时，可按照每亩400头蚜茧蜂的量进行第一次释放，一周后再按照相同的量释放第二次。产品若是僵蚜卡的形式，可将卡挂在黄瓜的叶柄上；若是成虫袋的形式，可将袋子的上端一角剪一个开口，并将袋子挂在植株叶柄上。蚜虫喜欢在黄瓜上部的嫩叶上聚集危害，且呈现点面发生特点，因此，初期释放蚜茧蜂时，应重点放于蚜虫聚集发生区。

【利用食蚜蝇】食蚜蝇为双翅目食蚜蝇科昆虫的通称，又叫食蚜虻或花蝇，以幼虫捕食蚜虫而著称，成虫是重要的传粉昆虫，对于某些植物而言，传粉能力甚至强于蜜蜂。据报道，有的食蚜蝇幼虫食量大，平均一头幼虫每天可捕食120头棉蚜，一生可捕食1 400头左右棉蚜。食蚜蝇也可以捕食粉虱、叶蝉、蓟马及鳞翅目的幼虫。图22为黑带食蚜蝇各虫态。

由于食蚜蝇形似蜂，常被误认为是蜂，可以从以下几点区分：食蚜蝇属于双翅目，即身体上只有一对翅膀，蜂类属膜翅目，有两对翅膀；食蚜蝇触角较短，蜂类触角较长；食蚜蝇后足纤细，常见的蜜蜂等蜂类有比较宽阔的后足，用来收集花粉。在农业生产中，尽管我们很少关注这些食蚜蝇或者不认识它们，但实际上，食蚜蝇可能已经存在于温室并不知不觉地控制着各种害虫。

商品化的食蚜蝇种类很少，多数种类的食蚜蝇尚处于调查和研究阶段。目前有黑带食蚜蝇实现商品化，并以未成熟期虫态（幼虫、蛹）为包装形式。食蚜蝇各个时期的虫态均可以释放，但释放幼虫更有利于其在作物上定殖。蚜虫发生初期，可按照每100米^2 4头的量释放黑带食蚜蝇成虫。

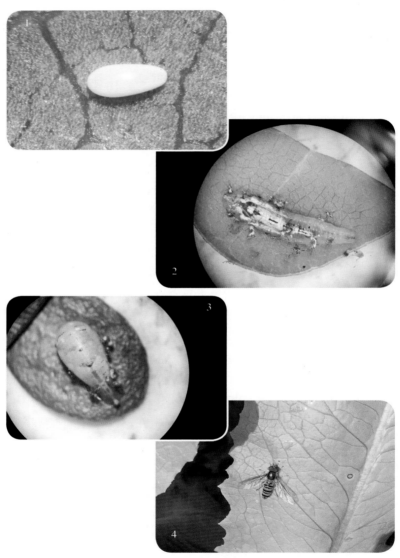

图22 黑带食蚜蝇
1.卵 2.幼虫 3.蛹 4.成虫
（谭琳提供）

【释放食蚜瘿蚊】食蚜瘿蚊属双翅目瘿蚊科，是蚜虫的捕食性天敌。成虫褐色，体长2.3毫米，翅展4.8毫米，形似蚊子；幼虫蛆状，橘黄色，体长2.5毫米。成虫、幼虫均为杀蚜能手（图23、图24），以口针刺入蚜虫体内，分泌消化液溶解蚜虫体内组织物并吸食，导致蚜虫死亡。在虫口密度大时，1头食蚜瘿蚊幼虫可杀死几百只蚜虫。在温度（25±1）℃、相对湿度65%±5%、光照16L∶8D的室内条件下，食蚜瘿蚊卵的发育历期为2天，幼虫期有3个龄期，发育历期5～8天，蛹期7～10天（图25），成虫期3～12天。目前，食蚜瘿蚊在国外已被广泛用于各类温室蚜虫的生物防治并取得良好效果。与蚜虫的其他天敌相比，食蚜瘿蚊具有独特优点：繁殖、搜索和分散能力强；对蚜虫不但有取食作用，而且还有杀伤作用；适宜大批量繁殖，容易贮存和运输，便于生产应用等。

食蚜瘿蚊已实现商品化，并以未成熟期虫态（幼虫、蛹）为包装形式。各个时期的虫态均可以释放，但释放幼虫更有利于其在作物上定殖。

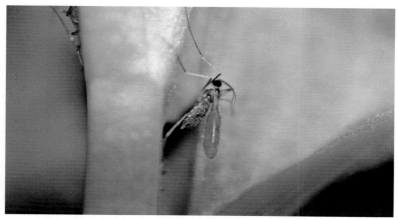

图23　食蚜瘿蚊雌成虫产卵
（杨茂发提供）

图24　食蚜瘿蚊幼虫捕食蚜虫
（杨茂发提供）

图25　食蚜瘿蚊化蛹
（杨茂发提供）

　　食蚜瘿蚊的释放方法通常有两种，一种是将混合在蛭石中的食蚜瘿蚊蛹撒施于温室作物上（适用于蚜虫已发生的情况）；另一种为利用载体植物系统，可将带有麦蚜和食蚜瘿蚊幼虫的盆栽小麦苗放置在温室中（适用于蚜虫尚未发生的情况）。当蚜虫发生后，按照每亩每次200～300头的量释放食蚜瘿蚊蛹，每7～10天释放一次，可连续释放3～4次；如果掌握蚜虫发生基数，可按照1∶20的益害比释放食蚜瘿蚊成虫。当温室中其他害虫，如粉虱、蓟马、叶螨等也同时发生时，可与丽蚜小蜂、捕食螨等天敌同时释放。注意释放后尽量不要使用杀虫剂。

【应用植物源农药】 植物源农药是指自然界存在的，经过人工合成或从自然植物中分离或派生的化合物，植物源杀虫剂的活性成分主要是植物次生代谢物质，作用机理归纳起来主要有毒杀、拒食和忌避作用，干扰害虫正常的生长发育和光活化毒杀作用等。植物源农药具有高效、低毒、广谱性、不污染环境的特点，但药效发挥作用较慢，且受环境因素影响较大。常见的植物源农药有鱼藤酮、印楝素、除虫菊素、苦参碱、藜芦碱、烟碱等，均广泛应用于蔬菜害虫防治中。需要注意的是，由于植物源农药的活性成分大多数含量较低，且在阳光下和空气中容易分解，因此在傍晚或阴天喷药效果更好。此外，配药所用的水和温度在20℃以上将有助于提高药效。

植物源农药中苦参碱和除虫菊素常用于防治蚜虫，黄瓜温室中蚜虫发生后，根据对应的药剂说明配制后，对叶片正反面均匀喷施，注意要喷到所有叶片（尤其是有蚜虫的叶片）。害虫发生前可进行预防性喷雾，连续应用3～4次，每次间隔5～7天；害虫发生后，适当增加用药量和使用频次。

2.试验或应用案例

【释放瓢虫】 据国内研究者1965年报道，利用人工释放异色瓢虫到黄瓜植株上，可以控制蚜虫的危害和蔓延。释放瓢虫的数量，取决于蚜虫的自然增殖数量与瓢虫的捕食能力，当蚜虫布满黄瓜叶片时，每片叶可释放4头瓢虫，每个中心虫株可释放瓢虫20～30头；当温度高，蚜虫繁殖快时，每植株释放30～50头，即可获得较好的防治效果。

另据国内研究者2017年报道，在黄瓜移栽20天，苗刚开始牵藤，蚜虫发生初期，分别释放七星瓢虫卵和幼虫。具体操作：七星瓢虫卵块按1：40的瓢蚜比、幼虫按1：80的瓢蚜比释放到黄瓜棚内，释放前随机标记调查20株黄瓜蚜虫基数。大棚种植黄瓜释放七星瓢虫卵块第3、6和10天的防效分别为33.14%、58.24%和86.18%，释放幼虫第3天、6天和10天的防效分别为57.75%、63.75%和84.40%。卵块释放后的前几天由于幼虫刚孵化，取食量较低，因此控蚜效果较缓慢，至释放10天后其防治效果明显增加；而释放幼虫的处理在释放3天后即可明显控制蚜虫的增长，但释放10天后其控制效果不及释放卵块。原因在于释放的幼虫已开始化蛹，且幼虫量也不及释放卵块孵化的幼虫量。从释放卵块和幼虫2个处理看，与空白对照相比，七星瓢虫对蚜虫的防效均达80%以上，但蚜虫的种群数量还在不断增长，特别是释放10天后，种群数量增长加快，说明需要持续释放瓢虫，使其田间种群数量加大，才能有效控制蚜虫增长。

【利用蚜茧蜂】据国内研究者2019年报道，在温室大棚内，当每株黄瓜上有10头左右蚜虫时就可进行第一次释放，释放量每亩400～500头，为了巩固释放效果，隔7～10天进行第二次释放，每亩300～400头，用这种标准就基本能达到持续控制的效果。

荷兰研究者1995年评价了4种蚜茧蜂对温室黄瓜蚜虫的控制潜力。在实验室实验中将4种蚜茧蜂雌成蜂置于30头棉蚜中2小时。结果表明，桃赤蚜蚜茧蜂对蚜虫的寄生率不到6%，*Ephedrus cerasicola*和茶足柄瘤蚜茧蜂对棉蚜的寄生率分别为23%和26%，科曼尼蚜茧蜂对蚜虫的寄生率在72%～80%之间。对后3种蚜茧蜂在小温室中的黄瓜上进行了试验，与在实验室中相似，科曼尼蚜茧蜂对棉蚜的寄生率最高，明显高于其他2种蚜茧蜂。科曼尼蚜茧蜂是防治黄瓜棉蚜的优选蚜茧蜂。

【释放食蚜蝇】目前在食蚜蝇防治温室黄瓜上的报道很少，1975年，苏联研究者简短报道了一个案例，大灰食蚜蝇通过室内饲养后，释放一龄幼虫到温室黄瓜上，用来防治黄瓜上的蚜虫，3天后可明显降低蚜虫的数量，取得了较好的效果。

【应用食蚜瘿蚊】利用食蚜瘿蚊防治温室黄瓜上的蚜虫，在每平方米放蚊8～12头的情况下，经10天防效达89%～91%。温室释放食蚜瘿蚊的时间应选择蚜虫发生初期，此时瓜果受害较轻，害虫虫口密度低，释放天敌数量也相应较省，成本低。这样在一个温室往往形成一个相对独立的小环境，其中的天敌与害虫则构成一种此消彼长的动态制约关系，这种关系可以保持到作物生长后期，是一两次化学防治所无法做到的。

英国研究者1992年开发了载体植物系统，以帮助建立食蚜瘿蚊库，从而控制温室黄瓜上的棉蚜。载体植物系统是在小麦幼苗期接种蚜虫，为食蚜瘿蚊提供食料，使其种群得到增长，从而达到控制蚜虫的目的。这些载体植物系统能够长期控制棉蚜，开放式饲养或载体植物系统建立食蚜瘿蚊库是防治蚜虫最成功的方法。

【应用植物源农药】国内研究者2020年比较了3个品牌的1.5%除虫菊素水乳剂对温室黄瓜蚜虫的防治效果。结果显示3种1.5%除虫菊素水乳剂施药后7天对黄瓜蚜虫的防效分别为90.26%、81.82%和70.42%。

另有国内研究者2013年通过田间药效试验研究了苦参碱对黄瓜蚜虫的防治效果。结果表明，1.5%苦参碱可溶液剂防治黄瓜蚜虫，每公顷用量4.5克、6.75克、9.0克，药后1天、7天、10天的防效分别为16.4%～36.6%、82.7%～94.9%、84.4%～96.1%，说明1.5%苦参碱可溶液剂对黄瓜蚜虫具有良好的防治效果。还有国内研究者2015年同样用1.5%苦参碱可溶液剂防治黄瓜蚜虫，验证了低剂量对黄瓜蚜虫的防治效果为72.16%～80.82%、中等剂量为77.00%～83.85%、高剂量为87.66%～93.82%。

另据国内研究者2008年报道，在面积为30米^{2}的黄瓜棚室中，2.5%鱼藤酮可溶液剂稀释800倍，对黄瓜蚜虫有较好的防治效果，药后1天蚜虫的平均死亡率达到94.8%，至第7天平均死亡率仍为80.2%，而对照死亡率均为负值，虫口数量增加比较多，表明2.5%鱼藤酮可溶液剂对黄瓜蚜虫有较好的控制效果。

二、防治蓟马

1.主要生物防治方法

【释放小花蝽】小花蝽是世界范围内重要的捕食性天敌昆虫之一，其食性广，成虫和若虫均可捕食蓟马、蚜虫、粉虱、叶蝉、鳞翅目害虫卵和初孵幼虫、叶螨等。国内研究和应用较多的主要是东亚小花蝽和南方小花蝽。小花蝽广泛应用于农业生产，尤其对温室蓟马的防控起到了良好的效果。

东亚小花蝽属花蝽科，广泛分布于我国北方地区。具有发生早、时间长、分布广、数量多、食性杂、活动能力强等特点，是一种利用潜力巨大的捕食性天敌。室内研究表明，一头东亚小花蝽在理论上对蓟马的日最大捕食量为51头。图26和图27分别为小花蝽正在捕食蓟马和叶螨。

南方小花蝽是我国南方地区的优势种，南方小花蝽对二斑叶螨、西花蓟马、蚕豆蚜、棉铃虫卵、红铃虫等有较强的捕食能力，具有较大的利用价值。

黄瓜上的蓟马发生初期就可释放小花蝽成虫或若虫。商品化的小花蝽采用瓶装形式，释放时将小花蝽连同饲养基质一并撒放到黄瓜叶片上。根据害虫发生密度确定合适的释放量。害虫发生初期，按照0.5头/米²的量释放，结合害虫密度的发展情况，可酌情采取每周释放1次的方式，连续释放3～5次；当平均每株植物上害虫发生量达到5头时，则适当增加小花蝽的释放量。害虫发生初期即释放小花蝽是成功控制害虫的关键。此外，小花蝽对很多药剂都较为敏感，释放期间注意慎重用药。

图26　东亚小花蝽成虫取食蓟马成虫
（王建赟提供）

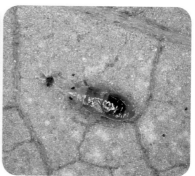

图27　东亚小花蝽若虫取食蓟马若虫（左）和叶螨（右）
（翟一凡提供）

【释放捕食螨】捕食螨是一类具有捕食作用的螨类。目前国内研究和应用较多的是植绥螨科和厉螨科的捕食螨，目前已有多种捕食螨实现了商品化生产，如植绥螨科的胡瓜新小绥螨、巴氏新小绥螨、智利小植绥螨、加州新小绥螨、津川钝绥螨和东方钝绥螨，厉螨科的剑毛帕厉螨。捕食螨因其体型小、发育快、繁殖量大、捕食能力强、与有害生物占据相似生态位等特性，能对叶螨、蓟马、粉虱等发挥有效控制作用，个别捕食能力超强的捕食螨种类在淹没式释放模式下甚至可达到类似农药的快速防治效果。

捕食螨的一生经历卵、幼螨、第一若螨、第二若螨和成螨5个发育阶段，25～30℃是其发育适宜温度范围，相对湿度在75%～85%时存活率较高。温湿度是其生长发育的关键因子，其中温度主要影响发育速度，湿度主要影响卵和幼螨的存活以及雌成螨的存活和繁殖。据报道，捕食螨的生活周期较其猎物短，寻找猎物的能力很强，对猎物有高度的专一性，有较大的生殖潜能，捕食猎物能力强，与猎物有相同的微小栖息地，与猎物的发生季节和周期一致，具有抗杀虫剂的能力，特别喜欢取食猎物的卵，这些是化学防治所无法相比的。一头捕食螨一生能捕食红蜘蛛300～350头，粉虱、蓟马80～120头。捕食螨世代短，在24～27℃时完成1代仅需7～8天，可繁殖子代40～50头，30～34℃时完成1代仅需4～5天。一般种类在15～35℃范围内均能正常取食、繁衍。已有多种捕食螨种类实现了商品化生产，并已经推广应用于设施蔬菜中防治害虫（螨）。

目前国际和国内用得最多的防治蓟马的捕食螨品种为巴氏新小绥螨、胡瓜新小绥螨和剑毛帕厉螨。巴氏新小绥螨和胡瓜新小绥螨用于作物上蓟马低龄若虫的防治，剑毛帕厉螨用于土壤中蓟马老龄若虫和蛹的防治。在国外，也用斯氏钝绥螨防治蓟马、粉虱和叶螨。

　　巴氏新小绥螨是多食性捕食螨，主要捕食叶螨和蓟马等小型吸汁类害虫（螨），是一类优良的生防天敌，尤其在防治蓟马上获得成功，具有很好的应用前景。巴氏新小绥螨主要分布于温带地区，包括英国、中国、法国、斯里兰卡、日本、美国、荷兰、泰国、阿尔及利亚和以色列等。是国内和国外商品化品种。图28为巴氏新小绥螨捕食蓟马若虫。

图28　巴氏新小绥螨捕食蓟马若虫
（姜晓环提供）

　　胡瓜新小绥螨又名胡瓜钝绥螨，为多食性捕食螨。在害虫的生物防治中发挥着重要的作用，利用胡瓜新小绥螨有效控制蓟马和叶螨等害虫有20多年的历史。胡瓜新小绥螨引入我国后成功控制了多种作物上的害螨和蓟马，同样是国内和国外商品化品种。

　　在自然界中，剑毛帕厉螨主要生活在土壤表面和腐殖层，用于防治食用菌上的蕈蚊、室蕈蚊和腐食酪螨，也可用于防治温室蔬菜上的刺足根螨、蓟马的地下虫态蛹（图29）、跳虫、双翅目害虫幼虫等。在欧美被商业化生产用于防治食用菌及温室中的害虫（螨），国内主要用于防治温室蔬菜土壤中的蓟马、韭蛆、线虫及食用菌上的蕈蚊。

图29　剑毛帕厉螨捕食蓟马蛹
（姜晓环提供）

捕食螨产品包装主要采用袋装和瓶装两种形式。目前无论是挂袋释放还是撒放，主要用手工释放。在释放策略方面，为实现较好的防效，通常需要在有害生物密度较低时释放，待有害生物密度较高时往往已经错过了最佳防控时机。由于商品化的捕食螨产品中往往有替代猎物或人工饲料，以维持捕食螨在运输过程中或食物不足情况下的取食。因此，在有害生物发生之前，就可采取预防式的释放策略，以设施黄瓜为例，可按照 $100 \sim 200$ 头/米^2 的量释放；当有害生物发生密度

达到 5 头 / 株后，可采取淹没式释放策略，以 250 ～ 300 头 / 米²
的量释放。根据有害生物的发生密度，适当调整释放量和释放
次数。建议在释放捕食螨之前进行一次清园，如可喷 1 遍植物源
和（或）生物源农药。

【应用昆虫病原真菌】昆虫病原真菌是广泛应用于农林害虫
防治的一类重要生防微生物。其中，研究和应用较多的主要是
白僵菌、绿僵菌、棒束孢、汤普森多毛菌、玫烟色拟青霉和蜡
蚧轮枝菌等。病原真菌通过孢子接触虫体，由孢子萌发，入侵
并寄生于寄主昆虫，最终导致昆虫死亡。昆虫病原真菌多用来
防治鳞翅目害虫，对设施蔬菜上的其他小型有害生物，如蚜虫、
粉虱、蓟马、叶螨以及一些地下害虫也具有较好的防治效果，
昆虫接触孢子后，一般在 72 小时内就可感染。

目前商品化的昆虫病原真菌产品主要包括球孢白僵菌
（*Beauveria bassiana*）和金龟子绿僵菌（*Metarhizium anisopliae*），
剂型多为可湿性粉剂。目前，普遍的应用方式是将微生物有效成
分，即具有杀虫活性的病原真菌孢子溶解于水溶液中，然后通
过喷雾法施用到作物叶片上。

球孢白僵菌是一种常见的寄生性昆虫病原真菌，由于寄主
广泛，易于培养，致病性强，对环境和人畜安全等特点，已被
广泛应用于多种害虫的生物防治中。以蓟马为例，成虫接触球
孢白僵菌孢子后，一般在 72 小时内就可感染致死，并从蓟马体
内长出菌丝（图 30）。国内外均报道过球孢白僵菌对蓟马具有较
高的致病力和良好的防治效果。近年来，针对蓟马的生物防治，
国内一些新的高毒力菌株被筛选出来，且均表现出了对西花蓟
马较高的防治潜力和应用价值。例如，2018 年登记在辣椒作物
上的白僵菌可湿性粉剂（登记证号为 PD20183086）的防治对象
即为蓟马。

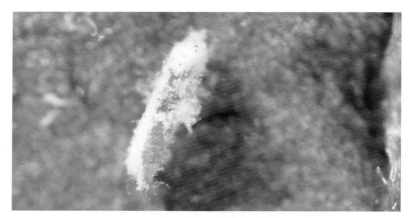

图30　西花蓟马蛹感染球孢白僵菌后的症状
（张兴瑞提供）

　　球孢白僵菌剂型多为可湿性粉剂，也有少量颗粒剂。对于商品化的可湿性粉剂，按照说明书要求，直接称取一定量，然后兑水配制成孢子溶液喷雾即可。在蓟马发生期间，可配制浓度为（1×10^{8} ～ 1×10^{10}）个孢子/毫升的溶液，按照30 ～ 40升/亩的量均匀喷施黄瓜叶片，喷施2 ～ 4次，每次间隔10 ～ 14天。由于球孢白僵菌不耐高温和紫外线，因此建议在傍晚喷施。此外，球孢白僵菌在高湿的条件下效果更好，可选择阴雨天或棚室湿度较大的时候喷施。温室应用后，被球孢白僵菌感染后的蓟马在5 ～ 7天内会形成僵虫（图31），湿度大时，感染球孢白僵菌的蓟马体表在7 ～ 10天内会长出菌丝（图32）。

　　对于球孢白僵菌颗粒剂，可采取预防式和防治性两种应用方法。前者是在棚室黄瓜定植前，按照10 ～ 20克/米^{2}的量将颗粒剂撒施于土壤表面，并用农具均匀混合后打垄；后者是在黄瓜定植缓苗后，在植株根际周围撒施颗粒剂（10 ～ 20克/米^2）。黄瓜种植期间，根据蓟马发生程度，可适当增加撒施量和次数，每次间隔7 ～ 10天。施用颗粒剂，可适当浇水，增加土壤湿度，以促进孢子在土壤中的繁殖和发挥其持续杀虫作用。两种方法的作用方式都是防治蓟马的地下虫态蛹，并通过打断蓟马生活史的方式来控制蓟马种群。

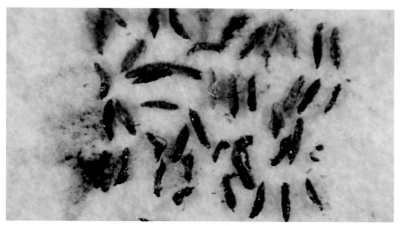

图31　西花蓟马感染球孢白僵菌后形成的僵虫
（吴圣勇提供）

图32　西花蓟马感染球孢白僵菌后长出菌丝
（吴圣勇提供）

【联合应用球孢白僵菌和捕食螨】 由于蓟马体型小、繁殖快、易于隐蔽，如果防治措施不当或者错过最佳防治时期，将难以控制其种群增长。为了提高对蓟马的控制效果，近年来，联合应用球孢白僵菌和捕食螨被证明是行之有效的方法。对于捕食螨来说，根据防治蓟马的虫态不同，捕食螨种类也不同，例如，防治蓟马地上低龄虫态的捕食螨种类主要有胡瓜新小绥螨和巴氏新小绥螨。防治蓟马地下虫态蛹的捕食螨种类主要是剑毛帕厉螨。

联合应用球孢白僵菌和捕食螨的方法也有预防式和防治性两种。预防式应用是在棚室黄瓜定植缓苗后，在黄瓜根部附近土壤表层撒施球孢白僵菌颗粒剂（10克/米^2），或者撒放剑毛帕厉螨（50～100头/米^2），或者二者同时应用。此外，在黄瓜生长期，尚未发现蓟马危害时，也可采取预防式方法释放巴氏新小绥螨或胡瓜新小绥螨（50～100头/米^2）。需要说明的是，对于巴氏新小绥螨和胡瓜新小绥螨来说，它们可以取食花粉或蜜露作为补充食物来存活；对于剑毛帕厉螨来说，它们具有取食广谱性特点，可捕食其他多种小型节肢动物，且相对于其他捕食螨，其螨体较大，活动能力、对猎物的攻击能力、对环境的适应能力和耐饥饿能力都较强，可在蓟马未发生之前的半个月甚至更长时间存活并维持种群，因此均可预防式释放，建议预防式释放捕食螨可适当减少释放量。如果采取联合应用捕食螨和球孢白僵菌的方式，要注意尽量保证捕食螨和球孢白僵菌撒放均匀。防治性措施是在蓟马发生后，联合应用球孢白僵菌和捕食螨，在植株叶片部分按照300～500头/米^{2}均匀释放巴氏新小绥螨或胡瓜新小绥螨，每周释放1次，释放3～5次，1～2周后，可再喷施1次球孢白僵菌可湿性粉剂。土壤层按照250头/米^{2}的量在黄瓜土壤根部均匀释放剑毛帕厉螨，每1～2周释放1次，释放1～3次，同时可撒施1次球孢白僵菌颗粒剂。

球孢白僵菌和捕食螨联合应用是根据蓟马地上和地下虫态生活史的特点而采取的立体防控措施，且球孢白僵菌和捕食螨在作用方式上具有互补和协同增效的作用，对蓟马有较强的控制能力，但成本增加。因此，在生产实践中，应根据害虫发生情况和使用成本采取适合的联合应用方式。一般来说，在蓟马发生前，可采取单一的释放捕食螨或应用球孢白僵菌颗粒剂进行预防；在蓟马发生后，根据蓟马的发生密度采取不同的菌螨联合应用策略。通常在蓟马发生密度较低时，采取先释放捕食螨再应用球孢白僵菌的策略，在蓟马发生密度较高时，采取先喷施球孢白僵菌再释放捕食螨的策略。注意叶片喷施球孢白僵菌可湿性粉剂和叶片部位释放捕食螨应间隔7～14天。根据蓟马的发生情况，可适当增加菌与螨的使用量和次数。此外，使用化学杀虫剂或杀菌剂时，需要过了安全间隔期后，再应用球孢白僵菌和捕食螨。

【应用植物源农药】植物源农药总体介绍参见本章"防治蚜虫"。

蓟马发生后，根据对应的使用说明配制好药剂后，对叶片正反面均匀喷雾，每隔7天喷施1次，连续喷雾2～3次防效更好。

需要注意的是，由于植物源农药的活性成分大多数含量较低，且在阳光下和空气中容易分解，因此在傍晚或阴天喷药效果更好。此外，配药所用的水的温度在20℃以上将有助于提高药效。

2.试验或应用案例

【释放小花蝽】据国内研究者2018年报道，当温室黄瓜叶片或花中出现蓟马时，以2头/米²的量释放东亚小花蝽，每周释放1次，连续释放3次，7天的防效为35.05%，14天的防效为55.94%，且与对照药剂乙基多杀菌素相比没有显著差异。

另据国内研究者2018年报道，当每株黄瓜叶片上有蓟马5头时，以300头/亩的量释放东亚小花蝽，释放2次，2次间隔36天，释放东亚小花蝽与对照相比，在第1次释放后的17天、37天、46天、67天校正防效分别为70.96%、61.86%、69.43%、76.20%，说明东亚小花蝽对蓟马有持续控制作用，且有很好的防治效果。

【释放捕食螨】据丹麦研究者1988年报道，以40～300头/米²的密度在温室黄瓜上释放巴氏钝绥螨（巴氏新小绥螨）用以控制棉蓟马，在作物整个生长季节，7个温室中有6个能将棉蓟马的种群密度控制在15头/叶以下，另1个温室中棉蓟马的虫口数量为25头/叶以下，防控效果显著。

据荷兰研究者2010年报道，当温室黄瓜上多种害虫、害螨共存时，释放斯氏钝绥螨可能会强化其防控害虫、害螨的能力。释放斯氏钝绥螨不能有效地单独控制二斑叶螨，但当蓟马共存时，斯氏钝绥螨会对蓟马有更好的控制效果，而叶螨、蓟马和粉虱三者同时存在时，二斑叶螨的危害被控制到最轻。

据国内研究者2014年报道，在黄瓜温室内，按250头/米²分别在土壤中撒放剑毛帕厉螨和在黄瓜叶片上撒放巴氏新小绥螨，对蓟马种群生长起到抑制作用。与对照样地相比，6周内，释放巴氏新小绥螨和剑毛帕厉螨分别使烟蓟马的种群数量减少了76%和64%，分别使西花蓟马的种群数量减少了41%和43%。两种蓟马的单叶密度均显著低于对照，显示了利用剑毛帕厉螨和巴氏新小绥螨防治烟蓟马和西花蓟马的生物防治潜力。

另据丹麦研究者1992年报道，在黄瓜温室内，研究了单独或者联合释放巴氏新小绥螨和胡瓜新小绥螨对烟蓟马的控制作用。单独释放时胡瓜新小绥螨对烟蓟马的控制作用好于巴氏新小绥螨；但是在联合释放区域，最终只剩下巴氏新小绥螨种群，说明在两个种群的竞争中巴氏新小绥螨占据优势。

【应用昆虫病原真菌】据以色列研究者2002年报道，在温室内研究了绿僵菌对西花蓟马的生物防治效果。在黄瓜叶片上喷施真菌孢子悬浮液0.5克/米^2，在土壤中撒施真菌干孢子粉0.5克/米^2，以不用绿僵菌作为对照。在1997年春季试验中，与土壤撒施和对照相比，当每片黄瓜叶片上西花蓟马数只有3或4头时，黄瓜叶面喷施绿僵菌对西花蓟马种群的生长有显著的抑制作用。然而，在1997年夏季试验中，当黄瓜植株受到西花蓟马严重危害（每片叶有10～15头蓟马）时，起初叶片喷雾处理只引起西花蓟马种群生长的适度下降，但在4周后西花蓟马种群显著下降。在1999年的试验中，当黄瓜叶面有3或4头西花蓟马初始种群时，叶片喷雾处理能有效降低西花蓟马种群生长水平（相对于土壤撒施和对照）。所以应用绿僵菌防治黄瓜西花蓟马时，需要蓟马种群密度低到中等水平时，才能发挥更好的防治效果。

【联合应用球孢白僵菌和捕食螨】据国内研究者2017年报道，在黄瓜温室中联合应用球孢白僵菌和巴氏新小绥螨可显著提高对西花蓟马的防治效果。由于球孢白僵菌和捕食螨有时表现拮抗作用，通过在温室中将二者间隔一定时间应用，如先喷施白僵菌，2周后再释放巴氏新小绥螨，这样可充分发挥二者的互补作用，从而显著提高了对蓟马的防治效果。

【应用植物源农药】据国内研究者2015年报道，把植物源农药配制成高、中、低3个剂量，并设化学农药对照及清水对照，每个剂量重复4次，在黄瓜棕榈蓟马一至二龄盛发期施药，施药后定期、定点观察棕榈蓟马在植株上的发生情况。结果发现25%除虫菊素可溶液剂69.00克/公顷、99%烟碱可溶液剂2 700克/公顷、98%苦参碱可溶液剂2 700克/公顷、0.5%藜芦碱可溶液剂8.44克/公顷的施药浓度对棕榈蓟马都有一定的防效，施药后3天防效接近或超过60%，但持效期较短，施药后

7天防效大幅下降。由此可见，以上4种药剂对棕榈蓟马都有一定的防效，可在生产中交替轮换使用。

三、防治叶螨

1.主要生物防治方法

【释放捕食螨】捕食螨总体介绍参见本章"防治蓟马"。

目前国际和国内防治叶螨用得最多的捕食螨品种为智利小植绥螨和加州新小绥螨。单独和联合应用，都对叶螨有较好的防治效果。

智利小植绥螨是专门捕食叶螨属害螨的生物防治用捕食螨，具有雌性比高、食性专、防治效果好等优点，捕食的叶螨有二斑叶螨、朱砂叶螨、截形叶螨及棉叶螨等，尤其嗜食结丝网的叶螨。通常每头智利小植绥螨每天能捕食各螨态叶螨5～30头，捕食能力最强的雌成螨对叶螨卵的捕食量高达每头每天60～70粒，对叶螨的防治效果能与化学农药媲美。智利小植绥螨原分布于地中海沿岸和智利，现被许多国家引进，中国于20世纪70年代从美国和加拿大引进，是国际上用于防治叶螨的明星天敌产品。图33是智利小植绥螨捕食叶螨。

加州新小绥螨自然种群广泛分布于阿根廷、智利、日本、南非及美国加利福尼亚州、佛罗里达州、得克萨斯州，以及欧洲南部地区及地中海沿岸。中国农业科学院植物保护研究所捕食螨研究组于2013年首次在国内广东鼎湖山发现国内新记录种。加州新小绥螨是对害螨有很强自然控制作用的一种重要天敌，捕食范围较广，可捕食多种害螨，主要有朱砂叶螨、截形叶螨、柑橘全爪螨、柑橘始叶螨、侧多食跗线螨、苹果全爪螨、茶橙瘿螨等，是国内外商品化品种。图34是加州新小绥螨捕食叶螨。

图33 智利小植绥螨捕食叶螨
（吕佳乐提供）

图34 加州新小绥螨捕食叶螨
（吕佳乐提供）

其他用来控制叶螨的植绥螨，普遍应用的是拟长毛钝绥螨，是一种偏食叶螨的多食性捕食螨，能在猎物密度较低的时期靠花粉生存。另外还包括斯氏钝绥螨、胡瓜新小绥螨、巴氏新小绥螨等，它们无法与叶螨产生的丝网相抗衡，在控制带有丝网的叶螨方面不是特别有效，但若应用时间早，也能捕食一定数量的叶螨，并起到一定的预防效果。

【释放塔六点蓟马】塔六点蓟马是一种在我国分布广泛的叶螨专食性天敌，幼虫和成虫均可捕食多种叶螨，如朱砂叶螨、山楂叶螨、二斑叶螨、柑橘全爪螨等。塔六点蓟马的卵为肾形，长约0.3毫米，产于叶螨较多的叶肉组织内；初孵一龄若虫无色透明，从叶肉里孵化出后便到处无目的爬行，过一段时间后便开始进食，通常以叶螨的卵和幼螨为食；第一次蜕皮后，开始捕食叶螨成螨，身体腹部变为红褐色且逐渐加深。夏季高温季节其种群密度上升迅速，是抑制害螨种群上升的重要时期。塔六点蓟马属于喜温性昆虫，其雌虫取食行为受温度影响较大，在低温下其无效搜索时间较长，因此在低于20℃条件下田间应该辅助其他生物防治措施。图35是塔六点蓟马成虫，图36是塔六点蓟马成虫捕食叶螨卵。

图35　塔六点蓟马成虫
（张金勇提供）

图36　塔六点蓟马成虫捕食叶螨卵
（张金勇提供）

【**释放深点食螨瓢虫**】深点食螨瓢虫又名深点颊瓢虫，是食螨瓢虫中的优势种。深点食螨瓢虫的卵肉眼可见，长椭圆形或圆筒形，灰白色，在幼虫出壳前变为深灰色，孵化时色较暗。幼虫体长2.8～3.0毫米，体宽0.6～0.7毫米，低龄幼虫淡黄色，老熟时体中部土红至土黄色，有许多长而分支的毛。化蛹前全身呈浅红色。蛹为离蛹，黑色，卵圆形，小而扁，长约1.6毫米，成虫卵圆形，呈半球形拱起，体黑色，生有稀疏、纤细的淡黄到白色的短绒毛。以叶螨为食，捕食量大，繁殖周期短，具有一定的耐饥饿能力，可对叶螨进行有效控制。可捕食朱砂叶螨、土耳其斯坦叶螨、截形叶螨等多种叶螨。图37是深点食螨瓢虫成虫。

图37　深点食螨瓢虫成虫
（谢丽霞提供）

2.试验或应用案例

【释放捕食螨】据国内研究者2016年报道，联合应用智利小植绥螨和加州新小绥螨防治温室黄瓜叶螨时，当叶螨密度低于77.6头/株时，田间智利小植绥螨密度低于加州新小绥螨，反之前者密度高于后者，推测这一叶螨密度附近区域可能是两种捕食螨的优势发生交替的过渡区域，也是比较适宜联合应用两种捕食螨对叶螨进行防治的主要范围。

另据国内研究者2005年报道，在设施黄瓜棚释放胡瓜新小绥螨防治黄瓜叶螨，共释放2次（间隔16天），达到每片黄瓜叶上有1头捕食螨，对黄瓜叶螨的防治效果达到91.0%。

四、防治侧多食跗线螨

1.主要生物防治方法

【释放捕食螨】捕食螨总体介绍参见本章"防治蓟马"。

目前国际和国内用得最多的防治侧多食跗线螨的捕食螨品种为胡瓜新小绥螨、巴氏新小绥螨、加州新小绥螨、斯氏钝绥螨和拟长毛钝绥螨。图38为加州新小绥螨捕食侧多食跗线螨。

图38　加州新小绥螨捕食侧多食跗线螨
（谢仲秋拍摄）

2.试验或应用案例

【释放捕食螨】据国内研究者2004年报道，释放胡瓜新小绥螨防治黄瓜上的侧多食跗线螨，在侧多食跗线螨发生初期或在黄瓜定植后2周，分期释放胡瓜新小绥螨，对侧多食跗线螨有较好的控制作用。

五、防治粉虱

1.主要生物防治方法

【释放丽蚜小蜂】丽蚜小蜂是烟粉虱和温室白粉虱的重要寄生性天敌昆虫，在20世纪70年代就成功应用于温室作物中控制粉虱。丽蚜小蜂通过寄生和取食粉虱若虫来控制粉虱的数量，对二至三龄粉虱若虫寄生行为要多于其他龄期。丽蚜小蜂雌成虫体型微小（约0.6毫米），头、胸黑色，腹部黄色。雄性数量少，罕见，体呈黑色。丽蚜小蜂雌蜂将自己的卵产到粉虱大龄若虫和预蛹上寄生，寄生约8天后粉虱若虫（或蛹）变为黑色，通称"黑蛹"，丽蚜小蜂幼虫继续发育，10天即可从"黑蛹"背面咬孔羽化为成虫取食粉虱若虫体液补充营养，从而达到控制粉虱的作用。我国自1978年从英国引进丽蚜小蜂，后续进行了大量研究，并在丽蚜小蜂生物学特性、控害潜能、商品化生产技术和应用等方面均取得一定成就。图39为丽蚜小蜂成虫。

商品化生产的丽蚜小蜂主要是盒装的蜂卡（被寄生的粉虱蛹卡）形式，有片式卡、纸本卡和纸袋卡；此外，还有一种瓶装形式，以蜂蛹和碎木屑为介质装在一起。应用时，若是蜂卡形式，将带有挂环的蜂卡悬挂在黄瓜植株上，羽化后的丽蚜小蜂成虫就可以扩散并寄生烟粉虱；若是瓶装形式，将蜂蛹连同基质一并撒在植物叶片上。粉虱发生初期，可按照20头/米²的量释放，根据粉虱的发生程度，可适当增加释放量和释放次数。

图39　丽蚜小蜂成虫
（王建斌提供）

【应用捕食螨】捕食螨总体介绍参见本章"防治蓟马"。

目前国际上防治粉虱常用的捕食螨品种为斯氏钝绥螨，中国农业科学院植物保护研究所捕食螨研究组通过风险评估引入斯氏钝绥螨，发现其对国内的捕食螨品种有风险。在开展本土捕食螨的发掘中，首次发现中国本土捕食粉虱的捕食螨品种：东方钝绥螨和津川钝绥螨。图40为东方钝绥螨捕食粉虱若虫，图41为津川钝绥螨捕食粉虱若虫。

东方钝绥螨是中国农业科学院植物保护研究所2013年在国际上首次发现对粉虱有很好的防控作用的捕食螨。东方钝绥螨性喜阴湿，行动敏捷，发生的适宜湿度为88%～90%。在我国分布广泛，印度、韩国、日本、俄罗斯、美国（夏威夷）也有分布。栖息作物有苹果树、柑橘树、桃树、梨树、枣树、大豆等。东方钝绥螨除能捕食多种叶螨外，还能取食植物花粉。

2013年以来发现东方钝绥螨还能捕食粉虱和甜果螨，且能用甜果螨实现规模化饲养。东方钝绥螨成螨耐饥饿能力较强，在不供给食料的情况下，室内可存活5～16天。

津川钝绥螨捕食苹果全爪螨、二斑叶螨，中国农业科学院植物保护研究所2018年在国际上首次发现该螨除捕食叶螨外，对粉虱也有很好的防控作用，与国外商品化的斯氏钝绥螨捕食粉虱的量相当。该螨在我国分布广泛。

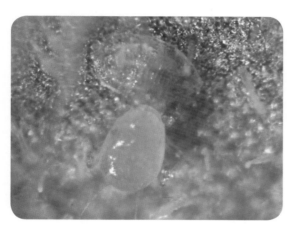

图40 东方钝绥螨捕食粉虱若虫
（盛福敬提供）

图41 津川钝绥螨捕食粉虱若虫
（杨静逸提供）

【释放烟盲蝽】烟盲蝽是一类杂食性昆虫，可以取食寄主植物的汁液、花粉、花蜜，从这个角度说属于害虫，但烟盲蝽主要是作为天敌昆虫捕食一些体型小、体柔软的节肢动物，如粉虱、蓟马、蚜虫、害螨以及一些昆虫的卵和低龄幼虫，这种主要取食动物，偶尔取食植物的食性，称为动植食性。烟盲蝽成虫体细长，刚羽化时白色透明，取食后变成黄绿色；卵香蕉形，具卵盖，初产时白色透明，后渐变为黄绿色，近孵化时为棕色，孵化前出现红色眼点；若虫分5个龄期，初孵时无色透明，以后渐变为淡绿或绿色，复眼红色，触角淡褐色，足淡黄色，体形如蚁，三龄后可见翅芽。烟盲蝽每年世代重叠现象明显。成虫初羽化时活动和飞翔能力弱，24小时后活动力增强，一生可交配多次，卵散产于寄主嫩茎组织或叶脉内，每次有效产卵3～4粒，卵期4～7天，产卵到孵化9～18天，多数11～12天。初孵若虫活动能力很弱，随日龄和龄期的增加活动力渐强，并具有捕食的习性，且取食量随龄期增大而明显增加。目前，国内外对烟盲蝽属于天敌昆虫还是害虫存在争论，但其在温室害虫生物防治中仍具有较大的应用潜力。图42为烟盲蝽成虫，图43为烟盲蝽捕食粉虱成虫。

根据设施栽培条件下黄瓜上害虫的发生种类和发生密度，适时释放烟盲蝽，需要注意的是，由于烟盲蝽并不危害营养生长阶段的植物，但可危害开花、结果期植物，因此释放时需注意释放时间，一般在害虫发生初期，可按照1～2头/株的密度释放。目前商品化的烟盲蝽多为盒装的虫卡或瓶装形式，若是虫卡可悬挂于黄瓜枝叶上；若是瓶装，可以将烟盲蝽轻轻撒在黄瓜叶面上。需要注意的是，烟盲蝽释放前和释放后的10天内避免使用杀虫剂或杀菌剂。另外，当害虫发生较为严重时，还要注意释放密度，可尽量在害虫密度高的情况下释放，以防止或降低烟盲蝽在猎物密度低时转向取食植物的风险。如果条件允许，可以在黄瓜温室中间作少量油菜作为烟盲蝽的中转植物。

图42　烟盲蝽成虫
（孙建立提供）

图43　烟盲蝽捕食粉虱成虫
（孙建立提供）

【应用球孢白僵菌】球孢白僵菌介绍参见本章"防治蓟马"。

球孢白僵菌对设施蔬菜上的小型有害生物，如蚜虫、粉虱、蓟马、叶螨以及一些地下害虫也具有较好的防治效果。

【应用昆虫病原线虫】昆虫病原线虫是一类带有共生菌的专性昆虫寄生性线虫，被广泛应用于害虫的生物防治领域，是昆虫的专化性寄生天敌。主要包括斯氏线虫科斯氏线虫属和异小杆线虫科异小杆线虫属两类，对栖境隐蔽的害虫和土栖性害虫有很高的控制效果。昆虫病原线虫易于大量培养，使用方便，杀虫能力强，在环境中可循环利用，是国际上公认的绿色高效生物杀虫剂。图44是显微镜下的昆虫病原线虫。

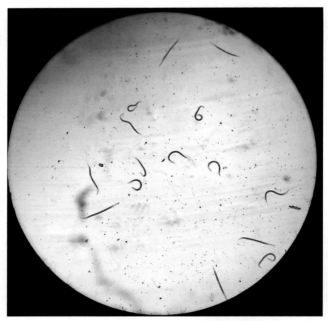

图44　显微镜下的昆虫病原线虫
（张田圆提供）

昆虫病原线虫具有主动搜寻害虫的能力，可从害虫的肛门、气孔、伤口、节间膜等处进入害虫体内。田间使用后，线虫搜寻到寄主害虫并进入其体内后，释放出肠腔中携带的共生细菌，使害虫在24～48小时内患败血症死亡。昆虫病原线虫可在寄主体内繁殖2～3代，当寄主营养物质耗尽时，线虫从寄主体内爬出，再搜寻新的寄主进行反复侵染，从而达到持续控制害虫的作用。

商品化的昆虫病原线虫产品多采用海绵制剂或粉剂。海绵制剂是瓶装形式，使用时，将海绵制剂浸泡在适量水中用力挤压，挤到海绵发白为止，制成母液；粉剂是塑料盒包装形式，一般每克制剂含有30万～40万条病原线虫，每一盒可包装5 000万条线虫，使用时也是先溶解到水中制成母液。针对不同的靶标害虫和发生程度，按照使用说明的参考用量再稀释，需要注意的是，稀释前要充分搅拌均匀。防治地下害虫或害虫地下虫态（蓟马蛹、小地老虎、蛴螬等）时，与灌溉水混合均匀，然后随灌溉水冲施到地中；防治地上害虫（粉虱、鳞翅目害虫等）时，稀释后直接喷洒在叶片上或土壤表面。

【应用植物源农药】植物源农药总体介绍参见本章"防治蚜虫"。

黄瓜温室中粉虱发生后，根据对应的药剂说明配制后，对叶片正反面均匀喷施，注意要喷到所有叶片（尤其是有粉虱的叶片）。害虫发生前可进行预防性喷雾，连续应用3～4次，每次间隔5～7天；害虫发生后，适当增加用药量和使用频次。

2.试验或应用案例

【释放丽蚜小蜂】据国内研究者2008年报道，在黄瓜温室中温室白粉虱发生初期单株虫量为0.5～1头时开始放蜂，每亩放蜂10 000头，再隔10天释放1次，连续释放5次。丽蚜小蜂与粉虱在低数量水平上保持数量平衡后停止放蜂。温室白天温度要求控制在20～35℃，夜间在15℃以上。设空白对照，放蜂区与对照区品种、地力、肥力及管理水平均一致。放蜂区白粉虱基数仍保持在每株0.6～1.0头之间，而对照区温室白粉虱每株在0.9～26.5头之间，放蜂区较对照区平均虫口减退率为93.8%，丽蚜小蜂平均寄生率为67.4%。

另据国内研究者2008年报道，在银川日光温室内应用丽蚜小蜂防治黄瓜温室白粉虱，平均每亩释放10 000头丽蚜小蜂，释放前与释放后相比温室白粉虱成虫密度由0.5头/株降到0.05头/株。

【丽蚜小蜂防治粉虱与熊蜂授粉联合应用】据国内研究者2018年报道，在温室内释放丽蚜小蜂和东亚小花蝽防治粉虱和蓟马，释放熊蜂为黄瓜授粉。与不释放天敌的对照棚相比，释放天敌对粉虱的校正防效达98.17%，对蓟马的校正防效达76.20%；通过释放熊蜂，黄瓜约增产9.3%。在设施黄瓜棚内联合应用天敌昆虫与熊蜂，不仅能有效控制害虫，而且能够提高产量。

【应用球孢白僵菌】据国内研究者2015年报道，在温室黄瓜中喷施150亿孢子/克球孢白僵菌可湿性粉剂防治黄瓜温室白粉虱。喷施浓度为750克/公顷、1 500克/公顷、2 250克/公顷的球孢白僵菌，并以20%吡虫啉可湿性粉剂120克/公顷作对照，喷施后7天，750克/公顷、1 500克/公顷、2 250克/公顷的球孢白僵菌对黄瓜上温室白粉虱的防治效果分别为74.61%、82.53%、89.15%，而对照20%吡虫啉可湿性粉剂120克/公顷的防治效果为77.45%。

【应用昆虫病原线虫】据以色列研究者2015年报道，在黄瓜温室中从感染温室白粉虱的黄瓜叶片上，挑选主要感染温室白粉虱二龄若虫的叶片，然后用手持式喷壶，按照浓度梯度为25头/厘米^2、50头/厘米^2、100头/厘米^2、150头/厘米^2、200头/

厘米^{2}和250头/厘米^{2}的量分别喷施两种昆虫病原线虫（夜蛾斯氏线虫和嗜菌异小杆线虫），72小时后检查粉虱死亡率，并将死亡的粉虱放在显微镜下检查以确认是否被线虫感染致死。试验结果表明，两种昆虫病原线虫对温室白粉虱都有一定的侵染致死能力，其对粉虱的致死率随着使用浓度的增加而增加，在250头/厘米^{2}的使用浓度下，72小时后粉虱的校正死亡率分别约为50%和43%。

【应用植物源农药】据国内研究者2014年报道，在面积为240米^{2}的黄瓜温室中，当温室白粉虱发生后，试验设置3个不同浓度的0.6%印楝素乳油处理，分别为7毫升/升、10毫升/升、20毫升/升，用水量均为60千克/亩；1个20%吡虫啉可湿性粉剂药剂处理，使用量为8克/亩；1个空白对照。施药7天后，上述不同处理与空白对照相比对温室白粉虱的防治效果分别为75%、83%、89%和77%。试验结果表明，在3个浓度的0.6%印楝素乳油和1个吡虫啉药剂处理中，20毫升/升的0.6%印楝素乳油防治温室白粉虱效果最好。

六、防治斑潜蝇

1.主要生物防治方法

【保护和利用寄生蜂】斑潜蝇的寄生蜂种类丰富，主要包括茧蜂科、姬小蜂科和金小蜂科。国内外多年的研究和实践表明，通过引进寄生蜂或利用本地寄生蜂在防治斑潜蝇上取得了成功。国外有斑潜蝇寄生蜂实现商品化生产并注册为生物制剂的报道，目前国内对斑潜蝇寄生蜂的研究多集中在种类鉴定、生物学和生态学方面，部分优势种在大量饲养和释放应用方面也取得了很大进展。图45为豌豆潜蝇姬小蜂成虫，图46为豌豆潜蝇姬小蜂幼虫寄生在斑潜蝇幼虫体外。

图45 豌豆潜蝇姬小蜂雄
成虫（上）和雌成
虫（下）
（刘万学提供）

图46 豌豆潜蝇姬小蜂幼虫寄生在斑潜蝇幼虫体外（黑色为斑潜蝇幼虫，
黄色为姬小蜂幼虫）

（张毅波提供）

　　田间调查发现，在不施药或少施药的环境中，寄生蜂的自然寄生作用能将斑潜蝇幼虫控制在经济允许损失水平以下。然而，寄生蜂对很多广谱性的化学农药很敏感，使用杀虫剂对寄生蜂的杀伤作用是导致斑潜蝇种群增长和持续危害的重要原因。因此，通过保护或助迁斑潜蝇的天敌寄生蜂，创造有利于寄生蜂繁殖的环境，可发挥寄生蜂对斑潜蝇的自然控制作用。以豌豆潜蝇姬小蜂为例，在户外蚕豆生长后期，通过人工采集带有寄生蜂（斑潜蝇被寄生）的蚕豆叶片并置于放蜂笼中，将笼放入温室中，待寄生蜂羽化飞出后，再将蚕豆叶片和笼移出温室，可实现对温室斑潜蝇的寄生（99%以上的斑潜蝇寄生蜂都是寄生幼虫阶段）。这种人工助迁本地寄生蜂防治温室斑潜蝇的方法，简单有效，对斑潜蝇有持续的控制作用。

　　斑潜蝇发生后，也可以采取人为释放寄生蜂的方法。释放寄生蜂的量取决于斑潜蝇的发生密度，可通过悬挂诱虫板的方式监测斑潜蝇的发生情况。以豌豆潜蝇姬小蜂为例，当在诱虫板上发现斑潜蝇时，即可释放姬小蜂，释放密度为每100米^2 10～50头，每周释放3～4次，直到叶片上没有新的潜道；如果斑潜蝇危害加重，可适当增加释放量和次数。由于中午释放的寄生蜂容易集中飞到棚室上部，建议在早上或晚间释放寄生蜂。释放豌豆潜蝇姬小蜂应选择较低的温度，如15～20℃。需要注意的是，释放寄生蜂前后应避免使用化学杀虫剂，但可少量使用杀菌剂、植物源杀虫剂和昆虫生长调节剂。

　　【应用植物源农药】植物源农药总体介绍参见本章"防治蚜虫"。

　　植物源农药中的多种药剂，如苦参碱、藜芦碱、印楝素、除虫菊素对斑潜蝇都有较好的防治效果。利用植物源杀虫剂防治害虫应遵循"治早、治小"的原则，即在斑潜蝇一至二龄幼虫发生初期，根据对应的药剂使用说明配制后，对叶片正反面均匀喷雾，每隔5～6天喷1次，连续喷雾2～3次防效更好。几种植物源农药可以轮换使用。

【应用昆虫病原细菌】用于防治蔬菜害虫的昆虫病原细菌研究最多最深入的是苏云金杆菌（简称Bt），它可以防治多种鳞翅目蔬菜害虫，如小菜蛾、菜青虫、甜菜夜蛾等。随着对Bt资源的不断挖掘和研究的深入，也发现了一些对鞘翅目害虫和双翅目害虫防效较好的菌株，如对一些叶甲、蛴螬、马铃薯甲虫、斑潜蝇、根蛆等蔬菜害虫有较高杀虫活性的菌株。

2.试验或应用案例

【应用植物源农药】据国内研究者2009年报道，用5%天然除虫菊素乳油防治黄瓜斑潜蝇，发现800倍液对斑潜蝇的防治效果达到90%以上。且建议在斑潜蝇发生期每隔5～6天连续喷雾2～3次，防效更佳。

【应用苏云金杆菌】据国内研究者1997年报道，在温室瓜类中喷施苏云金杆菌可湿性粉剂防治美洲斑潜蝇。苏云金杆菌生物制剂在施药后的3～7天内防效在57%～78.3%之间，平均防效67.4%，是防治美洲斑潜蝇的理想用药，不但防效好，且无污染，害虫不易产生抗药性。

七、防治守瓜

1.主要生物防治方法

【保护和利用天敌】保护和利用天敌（如蜘蛛、步甲等捕食性天敌）、人工助迁天敌、以虫治虫、以鸟（益鸟类）治虫等。

【应用昆虫病原真菌】昆虫病原真菌的总体介绍参见本章"防治蚜虫"。昆虫病原真菌可用于鞘翅目害虫的防治。

【应用植物源农药】植物源农药的总体介绍参见本章"防治

蚜虫"。

植物源农药是生态防治的重要组成部分，也是绿色防控的重要组成部分。鱼藤酮是三大植物性杀虫剂之一，是尖荚豆属植物中提取出来的一种有杀虫活性的物质，具有触杀、胃毒、拒食和熏蒸作用，杀虫谱广，是天然的杀虫剂和杀螨剂。据调查，其对数百种害虫都有良好的防治效果，对哺乳动物低毒，对天敌和农作物安全，具有高效、低毒、低残留、高选择性、害虫不易产生抗药性等特点，是害虫综合治理中较为理想的杀虫剂。常被用于守瓜类害虫的防治。

2.试验或应用案例

【应用绿僵菌】据国内研究者2008年报道，利用绿僵菌对黄足黄守瓜的毒杀作用，在产卵前1周，使用绿僵菌致使雌虫死亡率接近90%，虫体感染绿僵菌孢子后出现一系列组织病理变化，体色逐渐变暗变黑变形，菌丝体侵染各组织器官。在虫体中能监测到大量绿僵菌孢子。

【应用植物源农药】据国内研究者2016年报道，使用2.5%鱼藤酮乳油对黄瓜上的黄守瓜进行了室内毒力测试和室外药效对比试验，得出2.5%鱼藤酮乳油600倍液防治黄守瓜效果显著，在施药后第1天防治效果就达到63%以上，施药后第3天和第7天，防治效果分别达到95.17%和96.83%。

八、防治瓜绢螟

1.主要生物防治方法

【应用昆虫病原细菌】昆虫病原细菌的总体介绍参见本章"防治斑潜蝇"。昆虫病原细菌对瓜绢螟等蔬菜害虫有较高杀虫活性。

【应用赤眼蜂】赤眼蜂属膜翅目小蜂总科赤眼蜂科，是世界范围内鳞翅目害虫生物防治中研究最多、应用范围最广、应用历史最久的一类卵寄生性天敌昆虫，应用赤眼蜂取得了显著的经济和生态效益。赤眼蜂属种类繁多，已报道有200余种，其寄主范围广泛，可寄生鳞翅目、半翅目等7个目500多种昆虫的卵，其中对鳞翅目农林害虫的防控作用尤为显著。不同赤眼蜂对不同寄主和生境具有偏好性，其种类和品系的选择是影响其田间防效的重要因素。据国内研究者1988年报道，拟澳洲赤眼蜂是瓜绢螟的主要寄生蜂。

防治连栋温室、塑料大棚内的鳞翅目害虫时，首先以防为主，通过安装防虫网、出口安装门帘等措施防止害虫迁入。其次在确定田间害虫卵发生期后，于害虫卵发生期将赤眼蜂卵卡挂在每个放蜂点植株中部的主茎上。一般在傍晚时放蜂，以减少新羽化赤眼蜂遭受日晒的可能性。赤眼蜂的主动有效扩散范围在10米左右，因此，每亩均匀设置8～10个放蜂点。在鳞翅目害虫产卵初期开始释放，每卡有效蜂量1 000多头，每亩均匀悬挂8～10张卡，即8 000～10 000头蜂，每3天挂1次，害虫1个世代需挂3次，防治效果可高达85%～90%。释放赤眼蜂可以基本控制鳞翅目害虫危害，个别虫量过多时，可用苏云金杆菌除治残虫。

【应用植物源农药】参见本章"防治蚜虫"。

2.试验或应用案例

【应用赤眼蜂】据国内研究者1980年报道，利用螟黄赤眼蜂对黄瓜瓜绢螟进行防治，在秋黄瓜上发生最重的第四代瓜绢螟时期，共放3次，每次间隔3～5天，每次每亩放蜂5 000～7 000头，防治面积590亩，放蜂区赤眼蜂对瓜绢螟卵的寄生率为93%～98%。放蜂区的瓜叶有虫率仅为0～8%。

　　【应用植物源农药】据国内研究者2004年报道，应用0.3%印楝素乳油防治黄瓜瓜绢螟，田间药效试验得出0.3%印楝素乳油350倍液对瓜绢螟具有良好防效，施药后1天防效达100%，对作物无药害。

第三章

在黄瓜害虫上登记的生物农药

1.金龟子绿僵菌

登记证号：PD20171744

有效成分：金龟子绿僵菌CQMa421

有效成分含量：80亿孢子/毫升

防治对象：蚜虫

剂型：可分散油悬浮剂

用药量：40 ~ 60毫升/亩

施用方法：喷雾

登记证有效期至：2022年8月30日

使用方法：称取40 ~ 60毫升/亩，按照40升/亩喷雾量兑水后混匀，然后常规叶片喷雾。喷雾时一定要对植株的上下、内外均匀喷洒。建议在温度15 ~ 30℃、相对湿度80%~ 100%下的傍晚喷施，可在雨后或阴天施用。注意菌液应现配现用，不要与杀菌剂混用，可与低剂量的化学农药混用，杀虫效果更好。

贮存条件：在通风、干燥处贮存。4℃条件下贮存6个月（孢子萌发率90%）；常温条件下贮存6个月（孢子萌发率80%）。

2.苦参碱

登记证号：PD20132710

有效成分：苦参碱

有效成分含量：1.5%

防治对象：蚜虫

剂型：可溶液剂

用药量：30 ～ 40毫升/亩

施用方法：喷雾

登记证有效期至：2023年12月30日

施用方法：害虫发生初期，按照用药量标准，兑水喷雾。注意不能与碱性农药混用。

贮存条件：在阴凉、通风、干燥处贮存，远离火源、热源；不得与粮食、饲料、种子混放。

3.藜芦碱

登记证号：PD20130485

有效成分：藜芦碱

有效成分含量：0.5%

防治对象：白粉虱、蓟马

剂型：可溶液剂

用药量：70 ～ 80毫升/亩

施用方法：喷雾

登记证有效期至：2023年3月20日

施用方法：在害虫发生初期，按照用药量标准，兑水喷雾。注意要随配随用，可与有机磷、菊酯类农药混用。

贮存条件：在低温、避光、干燥、通风条件下贮存。

附　表

附表1　用于防治蔬菜害虫的生物防治产品及部分企业名录

产品名称	生产厂家	规　格	防治对象
异色瓢虫	北京农生科技有限公司	每卡20卵	蚜虫
	河南省济源白云实业有限公司	每卡20卵	蚜虫
巴氏新小绥螨	北京农生科技有限公司	每瓶2.5万头	红蜘蛛、蓟马
	福建艳璇生物防治技术有限公司	每瓶（袋）500头	红蜘蛛、蓟马
	福建艳璇生物防治技术有限公司	每瓶（袋）2.5万头	红蜘蛛、蓟马
	福建艳璇生物防治技术有限公司	每瓶（袋）5万头	红蜘蛛、蓟马
	首伯农（北京）生物技术有限公司	每瓶（袋）1 500头	红蜘蛛、蓟马
	首伯农（北京）生物技术有限公司	每瓶（袋）2.5万头	红蜘蛛、蓟马
	首伯农（北京）生物技术有限公司	每瓶（袋）5万头	红蜘蛛、蓟马

（续）

产品名称	生产厂家	规　格	防治对象
东亚小花蝽	北京阔野田园生物技术有限公司	每瓶500头	蓟马、蚜虫
	北京阔野田园生物技术有限公司	每瓶1 000头	蓟马、蚜虫
烟盲蝽	北京阔野田园生物技术有限公司	每瓶500头	白粉虱、烟粉虱、蚜虫
	北京阔野田园生物技术有限公司	每瓶1 000头	白粉虱、烟粉虱、蚜虫
胡瓜新小绥螨	福建艳璇生物防治技术有限公司	每瓶（袋）500头	红蜘蛛、蓟马
	福建艳璇生物防治技术有限公司	每瓶（袋）2.5万头	红蜘蛛、蓟马
	福建艳璇生物防治技术有限公司	每瓶（袋）5万头	红蜘蛛、蓟马
加州新小绥螨	福建艳璇生物防治技术有限公司	每瓶（袋）500头	红蜘蛛、蓟马
	福建艳璇生物防治技术有限公司	每瓶（袋）2.5万头	红蜘蛛、蓟马
	北京农生科技有限公司	每瓶2.5万头	红蜘蛛、蓟马
	首伯农（北京）生物技术有限公司	每瓶1 500头	红蜘蛛、蓟马
	首伯农（北京）生物技术有限公司	每瓶2.5万头	红蜘蛛、蓟马
	首伯农（北京）生物技术有限公司	每瓶5万头	红蜘蛛、蓟马
剑毛帕厉螨	首伯农（北京）生物技术有限公司	每瓶（袋）1万头	蓟马

（续）

产品名称	生产厂家	规 格	防治对象
津川钝绥螨	首伯农（北京）生物技术有限公司	每瓶1 500头	红蜘蛛、白粉虱、烟粉虱
	首伯农（北京）生物技术有限公司	每瓶2.5万头	红蜘蛛、白粉虱、烟粉虱
	首伯农（北京）生物技术有限公司	每瓶5万头	红蜘蛛、白粉虱、烟粉虱
丽蚜小蜂	北京农生科技有限公司	每卡200卵	白粉虱、烟粉虱
	衡水沃蜂生物科技有限公司	每卡200卵	白粉虱、烟粉虱
螟黄赤眼蜂	北京农生科技有限公司	每卡3 000头	菜青虫、烟青虫
	河南省济源白云实业有限公司	每卡3 000头	菜青虫、烟青虫
松毛虫赤眼蜂	北京益环天敌农业技术有限公司	每袋10 000头	玉米螟、棉铃虫
智利小植绥螨	福建艳璇生物防治技术有限公司	每瓶3 000头	红蜘蛛
	首伯农（北京）生物技术有限公司	每瓶1 000头	红蜘蛛
	首伯农（北京）生物技术有限公司	每瓶2 000头	红蜘蛛
	首伯农（北京）生物技术有限公司	每瓶3 000头	红蜘蛛
5%d-柠檬烯可溶液剂	奥罗阿格瑞国际有限公司	100毫升	烟粉虱

（续）

产品名称	生产厂家	规　格	防治对象
5%桉油精可溶液剂	北京亚戈农生物药业有限公司	100毫升	十字花科蔬菜蚜虫
1.5%除虫菊素水乳剂	内蒙古清源保生物科技有限公司	100毫升	叶菜蚜虫
0.3%苦参碱水剂	山东省乳山韩威生物科技有限公司	200克	十字花科蔬菜菜青虫
0.3%苦参碱水剂	北京富力特农业科技有限责任公司	200毫升	十字花科蔬菜菜青虫
0.3%苦参碱水剂	内蒙古清源保生物科技有限公司	100毫升	十字花科蔬菜菜青虫、蚜虫
0.5%苦参碱可溶液剂	北京亚戈农生物药业有限公司	100毫升	甘蓝蚜虫
99%矿物油乳油	韩油能源有限公司	1升	烟粉虱、白粉虱
0.5%藜芦碱可溶液剂	成都新朝阳作物科学有限公司	100毫升	红蜘蛛
16 000国际单位/毫克苏云金杆菌可湿性粉剂	山东省乳山韩威生物科技有限公司	500克	十字花科蔬菜菜青虫、小菜蛾
300亿PIB/克甜菜夜蛾核型多角体病毒水分散粒剂	河南省济源白云实业有限公司	3克	十字花科蔬菜甜菜夜蛾
300亿OB/毫升小菜蛾颗粒体病毒悬浮剂	河南省济源白云实业有限公司	20毫升	十字花科小菜蛾

（续）

产品名称	生产厂家	规 格	防治对象
200亿PIB/克斜纹夜蛾核型多角体病毒水分散粒剂	河南省济源白云实业有限公司	3克	十字花科蔬菜斜纹夜蛾
0.5%依维菌素乳油	浙江海正化工股份有限公司	200毫升	甘蓝小菜蛾
0.3%印楝素乳油	成都绿金生物科技有限责任公司	100毫升	十字花科小菜蛾
0.3%印楝素乳油	山东省乳山韩威生物科技有限公司	100毫升	甘蓝小菜蛾
60克/升乙基多杀菌素悬浮剂	美国陶氏益农公司	10毫升	小菜蛾、甜菜夜蛾、蓟马

附表 2　本书涉及的节肢动物拉丁学名

种　类	拉丁学名
棉蚜	*Aphis gossypii*
瓜蓟马	*Thrips flevas*
西花蓟马	*Frankliniella occidentalis*
二斑叶螨	*Tetranychus urticae*
朱砂叶螨	*Tetranychus cinnabarinus*
截形叶螨	*Tetranychus truncatus*
侧多食跗线螨	*Polyphagotarsonemus latus*
烟粉虱	*Bemisia tabaci*
温室白粉虱	*Trialeurodes vaporariorum*
美洲斑潜蝇	*Liriomyza sativae*
南美斑潜蝇	*Liriomyza huidobrensis*
豌豆彩潜蝇	*Chromatomyia horticola*
黄足黄守瓜	*Aulacophora indica*
黄足黑守瓜	*Aulacophora lewisii*
瓜绢螟	*Diaphania indica*
异色瓢虫	*Harmonia axyridis*
龟纹瓢虫	*Propylaea japonica*
七星瓢虫	*Coccinella septempunctata*
中华草蛉	*Chrysoperla sinica*
大草蛉	*Chrysopa pallens*

（续）

种　类	拉丁学名
丽草蛉	*Chrysopa formosa*
普通草蛉	*Chrysopa carnea*
烟蚜茧蜂	*Aphidius gifuensis*
黑带食蚜蝇	*Episyrphus balteatus*
食蚜瘿蚊	*Aphidoletes aphidimyza*
东亚小花蝽	*Orius sauteri*
南方小花蝽	*Orius similis*
胡瓜新小绥螨	*Neoseiulus cucumeris*
巴氏新小绥螨	*Neoseiulus barkeri*
智利小植绥螨	*Phytoseiulus persimilis*
加州新小绥螨	*Neoseiulus californicus*
津川钝绥螨	*Amblysesus tsugawai*
东方钝绥螨	*Amblyseius orientalis*
拟长毛钝绥螨	*Amblyseius pseudolongispinosus*
斯氏钝绥螨	*Amblyseius swirskii*
剑毛帕厉螨	*Stratiolaelaps scimitus*
球孢白僵菌	*Beauveria bassiana*
金龟子绿僵菌	*Metarhizium anisopliae*
塔六点蓟马	*Scolothrips takahashii*
深点食螨瓢虫	*Stethorus punctillunt*
丽蚜小蜂	*Encarsia formosa*

（续）

种　类	拉丁学名
烟盲蝽	*Nesidiocoris tenuis*
夜蛾斯氏线虫	*Steinernema feltiae*
嗜菌异小杆线虫	*Heterorhaditis bacteriphora*
豌豆潜蝇姬小蜂	*Diglyphus isaea*
拟澳洲赤眼蜂	*Trichogramma confusum*
螟黄赤眼蜂	*Trichogramma chilonis*

主要参考文献

陈志杰, 张淑莲, 梁银丽, 等, 2004. 温室黄瓜斑潜蝇的发生及其控制. 植物保护学报, 31(4): 433-434.

成新跃, 2004. 食蚜蝇. 生物学通报, 39(2): 9-12.

何永梅, 2015. 黄守瓜绿色防控技术. 农药市场信息, 7(30): 49-50.

侯峥嵘, 李锦, 李金萍, 2018. 释放东亚小花蝽对三种设施蔬菜蓟马的防治效果. 湖北农业科学, 57(22): 67-69.

柯礼道, 李志强, 徐兰仙, 1988. 瓜螟对寄生植物的选择和季节消长. 昆虫学报, 31(4): 379-386.

雷世鸣, 2016. 2.5%鱼藤酮乳油防治黄守瓜药效研究. 现代农业科技, 16:100-101.

雷仲仁, 吴圣勇, 王海鸿, 2016. 我国蔬菜害虫生物防治研究进展. 植物保护, 42(1): 1-6.

李兰, 张战利, 张渭薇, 等, 2014. 0.6%印楝素乳油防治温室白粉虱药效试验. 陕西农业科学, 60(4): 32-33.

李文海, 李文鞠, 2018. 蚌埠市设施黄瓜栽培中美洲斑潜蝇的发生与防治. 长江蔬菜, 5: 56-57.

李星月, 李其勇, 符慧娟, 等, 2019. 新型生防因子——昆虫病原线虫的研究进展. 四川农业科技, 1: 37-39.

林品贵, 2002. 利用食蚜瘿蚊防治温棚蔬菜蚜虫的尝试. 福建农业科技, 1: 11.

刘树生, 李志强, 徐兰仙, 等, 1988. 瓜螟主要天敌——拟澳洲赤眼蜂生物学、生态学特性研究. 植物保护学报, 15 (4): 265-272.

刘小明,邓耀华,司升云,2006.黄足黄守瓜与黄足黑守瓜的识别与防治.长江蔬菜,4:33.

陆继军,哈丽比努尔,胡燕红,2009.5%天然除虫菊素乳油防治黄瓜美洲斑潜蝇药效试验.农村科技,8:46.

罗希成,李井茹,1965.人工释放异色瓢虫防治黄瓜蚜虫的初步研究.昆虫知识,2:99.

彭志国,李根,徐忠贵,2020.1.5%除虫菊素水乳剂对温室黄瓜蚜虫防治效果试验,40(3):3-4.

饶贵珍,2006.黄守瓜的阶段性防治技术.长江蔬菜,10:19-20.

邵凡旭,杨栋,任立云,2015.14种生物杀虫剂对棕榈蓟马的田间防治效果.南方农业学报,46(7):1237-1242.

盛福敬,王恩东,徐学农,等,2014.以甜果螨为食的东方钝绥螨的种群生命表.中国生物防治学报,30(2):194-198.

司升云,刘小明,望勇,等,2013.瓜绢螟识别与防控技术口诀.长江蔬菜,19:48-49.

万莉娜,邢迁乔,牛照喜,1997.阿巴丁、Bt两种生物制剂对日光温室美洲斑潜蝇的药效试验.河南农业科学,12:26.

王朝斌,夏丽娟,赵霞,等,2013.1.5%苦参碱可溶剂防治黄瓜、豇豆、茄子蚜虫效果研究.西南农业学报,26(4):1738-1740.

王迪轩,夏正清,2012.赤眼蜂在蔬菜病虫害防治上的应用.科学种养:1.

王国庆,周尔槐,罗稳根,等,2015.白僵菌防治温室大棚白粉虱药效试验.生物灾害科学,38(3):217-220.

王景雷,倪红娟,尚冬青,等,2009.黄瓜虫害——茶黄螨.吉林蔬菜,1:41-42.

王秀琴,王小彦,于晓飞,等,2019.食蚜瘿蚊全虫态形态记述.应用昆虫学报,56(4):832-839.

吴伟南,1994.捕食螨的交替食物在植食性节肢动物的生物防治中的重要作用.江西农业大学学报,16(3):253-255.

邢星，李艳，于广文，等，2008. 丽蚜小蜂防治温室白粉虱效果初报. 辽宁农业职业技术学院学报，10(4): 21-22.

徐学农，吕佳乐，王恩东，2013. 国际捕食螨研发与应用的热点问题及启示. 中国生物防治学报，29(2): 163-174.

徐学农，吕佳乐，王恩东，2015. 捕食螨繁育与应用. 中国生物防治学报，31(5): 647-656.

薛正帅，2015. 烟盲蝽在生物防治上的研究现状与应用前景. 天津农业科学，21(10): 118-120.

杨红峡，2015. 不同农药防治黄瓜蚜虫的试验. 青海农林科技，2:77-79.

杨集昆，1974. 草蛉的生活习性和常见种类. 应用昆虫学报，3：36-41.

杨静逸，盛福敬，宋子伟，等，2018. 东方钝绥螨与津川钝绥螨对烟粉虱卵及1龄若虫的功能反应比较. 中国生物防治学报，34(2):214-219.

叶长青，1990. 食蚜瘿蚊研究进展. 昆虫知识，27(3): 181-184.

尹园园，陈浩，翟一凡，等，2018. 丽蚜小蜂的繁育与应用研究进展. 山东农业科学，50(1): 158-163.

尹园园，翟一凡，孙猛，等，2018. 天敌治虫与熊蜂授粉在设施黄瓜上的联合应用效果. 北方园艺，17:64-68.

虞国跃，2007. 黄守瓜的反防御策略. 森林与人类，8:92-95.

袁永达，王冬生，匡开源，等，2004. 温室黄瓜茶黄螨的发生与防治初探. 上海蔬菜，6:59.

尹涵，何超，郭霜，等，2019. 湖北省荆门市设施黄瓜瓜绢螟种群动态及卵的空间分布. 华中昆虫研究，1:255-259.

张安盛，于毅，李丽莉，等，2007. 东亚小花蝽成虫对西花蓟马若虫的捕食功能反应与搜寻效应. 生态学杂志，29(11): 6285-6291.

张洁，杨茂发，2007. 食蚜瘿蚊对3种蚜虫捕食作用的研究. 安徽农业科学，36：11897-11898.

张金平，范青海，张帆，2008. 应用实验种群生命表评价巴氏新小绥螨对西花蓟马的控制能力. 环境昆虫学报，30(3): 229-232.

张金平, 2019. 食蚜蝇:酷似蜜蜂的蚜虫杀手.农药市场信息, 5:57-58.

张金勇, 涂洪涛, 吴兆军, 等, 2016. 叶螨天敌塔六点蓟马生物学特性的研究. 应用昆虫学报, 53(1): 71-75.

张俊杰, 阮长春, 臧连生, 等, 2015. 我国赤眼蜂工厂化繁育技术改进及防治农业害虫应用现状. 中国生物防治学报, 31 (5):638-646.

张娜, 刘玉升, 谢丽霞, 2019. 叶螨的重要天敌——深点食螨瓢虫的研究进展. 应用昆虫学报, 56（4）：662-671.

张文辅, 2008. 利用丽蚜小蜂防治温室白粉虱初报. 宁夏农林科技, 2:22, 24.

张艳璇, 林坚贞, 季洁, 等, 2000. 捕食螨在生物防治中的作用及其产业化探索. 福建农业学报, 15（增刊）：185-187.

赵翠英, 马秀明, 付德俊, 等, 2019. 蚜茧蜂在绿色防控中的应用探索. 农业科技通讯, 3: 152-153.

赵胜荣, 2005. 黄瓜、甘蓝主要病虫害预报及绿色防治技术研究与推广. 杭州：浙江大学.

周宇航, 程英, 金剑雪, 等, 2017. 七星瓢虫规模化生产与释放的应用效果. 西南农业学报, 30(3): 602-605.

Azaizeh H, Gindin G, Said O, et al., 2002. Biological control of the western flower thrips *Frankkliniella occidentalis* in cucumber using the entomopathogenic fungus *Metarhizium anisopliae*. Phytoparasitica, 30(1): 18-24.

Bennison J A ,1992. Biological control of aphids on cucumbers: use of open rearing systems or "banker plants" to aid establishment of *Aphidius matricariae* and *Aphidoletes aphidimyza*. Mededelingen van de Faculteit Landbouwwetens-chappen / Rijksuniversiteit Gent, 57(2b): 457-466.

Bennison J A, Corless S P ,1993. Biological control of aphids on cucumbers: further development of open rearing units or "banker plants" to aid establishment of aphid natural enemies. IOBC/WPRS Bulletin, 16(2):5-8.

Bredsgaard H F, Stengaard L H, 1992. Effect of *Amblyseius cucumeris* and

Amblyseius barkeri as biological control agents of *Thrips tabaci* on glasshouse cucumbers. Biocontrol Science and Technology (2): 215-223.

Georgis R, Koppenhöfer A M, Lacey L A, et al., 2006. Successes and failures in the use of parasitic nematodes for pest control. Biological Control, 38(1):103-123.

Guo Y W, Lv J L, Jiang X H, et al., 2016. Itraguild predation between *Amblyseius swirskii* and two native Chinese predatory mite species and their development on intraguild prey. Scientific Reports, 6:22992/DOI:10.1038/srep22992.

Hansen L S, 1988. Control of *Thrips tabaci* (Thysanopetra: Thripidae) on glasshouse cucumber using large introductions of predatory mites *Amblyseius barkeri* (Acarina: Phytoseiidae). Entomophaga, 33(1): 33-42.

Messelink G J, van Maanen R, van Holstein-Saj R, et al., 2010. Pest species diversity enhances control of spider mites and whiteflies by a generalist phytoseiid predator. BioControl, 55:387-398.

Rezaei N, Karimi J, Hosseini M, et al., 2015. Pathogenicity of two species of entomopathogenic nematodes against the greenhouse whitefly, *Trialeurodes vaporariorum* (Hemiptera: Aleyrodidae), in laboratory and greenhouse experiments. Journal of Nematology, 47(1): 60-66.

Smith S M, 1996. Biological control with *Trichogramma*: advances, successes, and potential of their use. Annual Review of Entomology, 41: 375-406.

Tellez M D M, Tapia G, Gamez M, et al., 2009. Predation of *Bradysia* sp.(Diptera: Sciaridae), *Liriomyza trifolii* (Diptera: Agromyzidae) and *Bemisia tabaci* (Hemiptera: Aleyrodidae) by *Coenosia attenuata* (Diptera: Muscidae) in greenhouse crops. European Journal of Entomology, 106(2): 199-204.

Van Roermund H J W, van Lenteren J C, 1990. Simulation of the population dynamics of the greenhouse whitefly, *Trialeurodes vaporariorum* and the parasitoid *Encarsia formosa*. IOBC/WPRS Bulletin, 13(5): 185-189.

Van Steenis M J, 1995. Evaluation of four aphidiine parasitoids for biological control of *Aphis gossypii*. Entomologia Experimentalis et Applicata, 75:151-157.

Wu S Y, Gao Y L, Xu X N, et al., 2014. Evaluation of *Stratiolaelaos scimitus* and *Neoseiulus barkeri* for biological control of thrips on greenhouse cucumbers. Biocontrol Science and Technology, 24(10): 1110-1121.

Wu S Y, He Z, Wang E D, et al., 2010. Application of *Beauveria bassiana* and *Neoseiulus barkeri* for improved control of *Frankliniella occidentalis* in greenhouse cucumber. Crop Protection, 96: 83-87.

Yang J Y, Lv J L, Liu J Y, et al., 2019. Prey preference, reproductive performance, and life table of *Amblyseius tsugawai* (Acari:Phytoseiidae) feeding on *Tetranychus urticae* and *Bemisia tabaci*. Systematic & Applied Acarology, 24(3):404-413.

Yano E, 2006. Ecological considerations for biological control of aphids in protected culture. Population Ecology, 48:333-339.

Zhang X X, Lv J L, Hu Y, et al., 2015. Prey preference and life table of *Amblyseius orientalis* on *Bemisia tabaci* and *Tetranychus cinnabarinus*. PLoS One, DOI:10.1371/journal.pone.0138820.

后 记

ostscript

　　设施栽培条件下，用来防治黄瓜害虫（螨）的生物防治资源较多，从理论上说，生物防治方法是控制黄瓜害虫（螨）、提高经济和生态效益的有效措施。然而，在实际生产中真正能广泛推广，并被农户普遍接受的成功案例并不多。第一，相对于化学农药，生物防治中无论是天敌昆虫（包括捕食螨），还是微生物或植物源农药，大都作用时间较慢，且受环境因素影响较大，这是农业种植者不首选生物防治的主要原因。第二，生物防治的应用时间和应用技术是决定其能否取得成功的关键，这一点对于广大农户来说较难把握，如果使用不当或者错过最佳防治时期，将直接导致防治失败。第三，尽管生物防治安全、绿色、高效，但应用商品化的生防产品成本较高。第四，多数生防作用物的作用靶标范围较窄，往往对某一种或少数几种靶标害虫效果较好，但在农业生产季节，经常是多种害虫连同病害同时发生，限制了单一生防作用物的选择。

　　生物防治作为替代化学农药、促进设施农业绿色可持续发展的重要措施，越来越受到政府、农业部门、科研机构、广大种植户的重视。尽管存在很多缺陷，但害虫生物防治策略顺应农业绿色发展的趋势，将在害虫绿色防治中占据重要地位。政府和农业部门应积极引导和宣传生物防治理念，推动建立以生物防治为主的害虫防控策略；从事生物防治的研究者应更侧重于生防产品的规模化生产、成本控制、效益评价、多产品协同应用技术及作物害虫周年生物防治技术模式等方面的研究，提高害虫生物防治的理论和实践水平；广大种植户应在农业生产中多总结生物防治技术和经验，提高生物防治作用物的应用效果。

　　本书仅以设施黄瓜害虫生物防治为例，对相关研究和生产经验进行总结，并提出一些个人观点。在参考国内外的报道中，有的害虫有多种生物防治措施，本书仅列出主要的方法。另外，有的害虫在温室黄瓜中尚没有相对成功的生物防治案例报道。由于作者水平有限，写作不当之处还请读者朋友批评指正，多提宝贵意见。

图书在版编目（CIP）数据

设施黄瓜害虫生物防治技术／王恩东主编. ——北京：中国农业出版社，2021.5（2021.11重印）
ISBN 978-7-109-28034-2

Ⅰ.①设… Ⅱ.①王… Ⅲ.①黄瓜-病虫害防治-技术手册 Ⅳ.①S436.421-62

中国版本图书馆CIP数据核字（2021）第045542号

SHESHI HUANGGUA HAICHONG SHENGWU FANGZHI JISHU

中国农业出版社出版
地址：北京市朝阳区麦子店街18号楼
邮编：100125
责任编辑：阎莎莎
版式设计：杜　然　责任校对：刘丽香
印刷：中农印务有限公司
版次：2021年5月第1版
印次：2021年11月北京第2次印刷
发行：新华书店北京发行所
开本：880mm×1230mm　1/32
印张：3
字数：70千字
定价：29.00元